2時間でわかる

図解

AN ILLUSTRATED GUIDE TO "ON WAR" BY CLAUSEWITZ

[著] 是本信義 ❖ Nobuyoshi Koremoto

クラウゼヴィッツ「戦争論」は面白い!

厳しい現実の中でリーダーシップをとる人のために

中経出版

はじめに

皆様すでにご承知のとおり、クラウゼヴィッツの『戦争論』は、中国の『孫子』と並んで西洋最高の兵学書といわれています。

彼はこの名著で、「戦争とは個人の暴力と同じ闘争である」として戦争の本質を明らかにしました。また、今まで漠然としていた兵学／兵術の範囲を「戦略」「戦術」そして不完全ながらも「後方支援（ロジスティクス）」に区分し、またその実施面についての指針を与える等、戦争を理論的に解明しそして体系づけました。

この『戦争論』は、近代兵学に大きな影響を与えました。中でもプロシア陸軍参謀総長である名将モルトケは、その殲滅戦理論を縦横に駆使して「普墺戦争」「普仏戦争」に完勝し、ドイツ帝国建設の原動力となりました。

筆者がこの本で最も印象を受けたのは、それまでの兵学ではまったく対象外であった将帥の精神力を不可欠の資質として最重要視していることです。

彼は精神力こそ軍事行動に最大の影響を与えるものとし、その要素として、①将帥の才能、②軍隊の武徳そして③軍隊における国民精神を挙げていますが、これを現代風に読みかえれば①企業トップの経営手腕、②企業における自信、誇り、やる気そして③社員の企業への忠誠心ということになるでしょう。

すなわちこの『戦争論』の内容は現代のマネジメント、それも上級のマネジメントへの大きな参考となり、指針となるものを持っているということです。

ところが問題は、きわめて難解だということにあります。我が国においても、明治三六年、森林太郎（鷗外）が『大戦学理』として訳したのをはじめ、多くの訳本等が出されていますが、最も必要と思われる軍人、自衛官でさえも完読した人はごくわずかといわれています。

そこで本書では、これを容易に理解することを狙い、それぞれの項でのさわりの文章を取り上げて簡潔な説明をつけ、それに見合う戦争史上の事例をケーススタディする方法を取りました。

理解を容易にするための原典の意訳、内容の精粗等々全体的にいまだ研究整理の余地は多々ありますが、この拙文がマネジメント研鑽に日夜努められている読者の皆様を、不朽の兵学書『戦争論』に誘《いざな》う手がかりとなれば、望外の幸せです。

本著執筆にあたり、末尾に記《しる》した文献を参考とさせていただきましたが、示唆を得るところ極めて大でありました。この場を借り、著者、訳者の方々に厚く御礼申し上げます。

最後に、このたびの出版にあたり、このような場を与えて下さった株式会社中経出版の熊井憲章さん、担当編集者の山口祐子さんに心から感謝の意を表します。

平成一二年三月吉日

中津市郊外の寓居にて

是本信義

【CONTENTS】

【目　次】

【CONTENTS】

第2章 「戦争」は理論的にどのように説明されるか

第3章 「戦略」とはどのようなものか

【CONTENTS】

第5章 何が「戦闘力」を決定づけるのか

【CONTENTS】

【目　次】

図表／エム・エー・ディー

序章

『戦争論』を深く読むための基礎知識

1 観念論を排したクラウゼヴィッツ

近代兵学に絶大な影響を与えた不朽の名著『戦争論』の著者カール・フォン・クラウゼヴィッツは、一七八〇年プロシア王国のマクデブルク地方に生まれた。

幼少の時からプロシア軍に入隊した彼は、ナポレオン戦争にあたって皇子アウグストの副官として出征、一八〇六年「**イエナの会戦**」の敗北で皇子共々フランス軍の捕虜となる。

約一年のフランスでの抑留生活の間、「フリードリッヒ大王以来の栄光と伝統に輝くプロシア軍が、何の伝統もなく雑軍に等しいナポレオンのフランス軍にあえなく敗れたのは何故か」を深刻に考えたのが、戦争論執筆の動機だったと伝えられている。

休戦後帰国した彼は、士官学校時代の校長で生涯を通じて彼の恩師となる参謀総長シャルンホルスト将軍を助け、プロシアの軍制改革に尽力する。そしてその結果であるプロシア軍の充実が、ナポレオン戦争後段の解放戦争の大きな原動力となった。

ナポレオン戦争も終わった一八一八年、ベルリンの士官学校長となったクラウゼヴィッツは、一二年間にわたるその勤務中、戦争論の研究、著述に没頭する。

彼は、フリードリッヒ大王とナポレオンの戦史を軸に戦争の研究を続け、「戦争とは、相手

イエナの会戦

「アウステルリッツの会戦」でのオーストリアの屈伏を見て、プロシアはナポレオンに宣戦。1806年10月14日両軍はベルリン南方イエナの平原で激突し、プロシア軍は、ナポレオンの片翼包囲戦法の前に完敗。やがてプロシアはナポレオンの前に屈伏した。

を屈伏させて自分の意志を相手に強制する暴力行為である」との結論を得、これを定義とした。そして、戦争においてその徹底性を決めるのは政治の意図、思惑等々であるとし、「戦争とは、他の手段をもってする政治の延長である」との結論を導き出したのである。

また、前述二人の将帥の卓越した政治、軍略の才能から、戦争の帰結に当たって如何に将帥の資質、能力が不可欠であるかを強く主張している。

そして、それまでの兵学では漠然としていた戦略と戦術を厳格に区分し、「戦争の準備」として現在の兵站《へいたん》（ロジスティクス）を取り上げ、兵学／兵術の体系を確立した。ちなみに、現在「戦略」「戦術」「ロジスティクス」の三者をもって兵術とする論が有力である。

理論は観察たるべく、教義たるべからず

特筆すべきことは、彼はその研究にあたって、観念論を排し現実性を重んじたことである。すなわち、まず弁証法的な思考によりある一定のルール／理論を組み立て、そのルールを戦史の実例をあてはめて検証するという演繹《えんえき》と帰納《きのう》をフィードバックさせる方法をとった。彼はこのことについて「理論は観察たるべく、教義たるべからず」との名言を残している。

一八三一年、ポーランド駐留軍の参謀長であった彼が、不慮の病で亡くなると、その一部未完の原稿は日の目を見ることなく保存されていた。翌一八三二年、プロシア皇后の女官長であった彼の未亡人マリーが夫の遺志を継ぎ、その原稿を整理、編纂したのが、この『戦争論』であった。

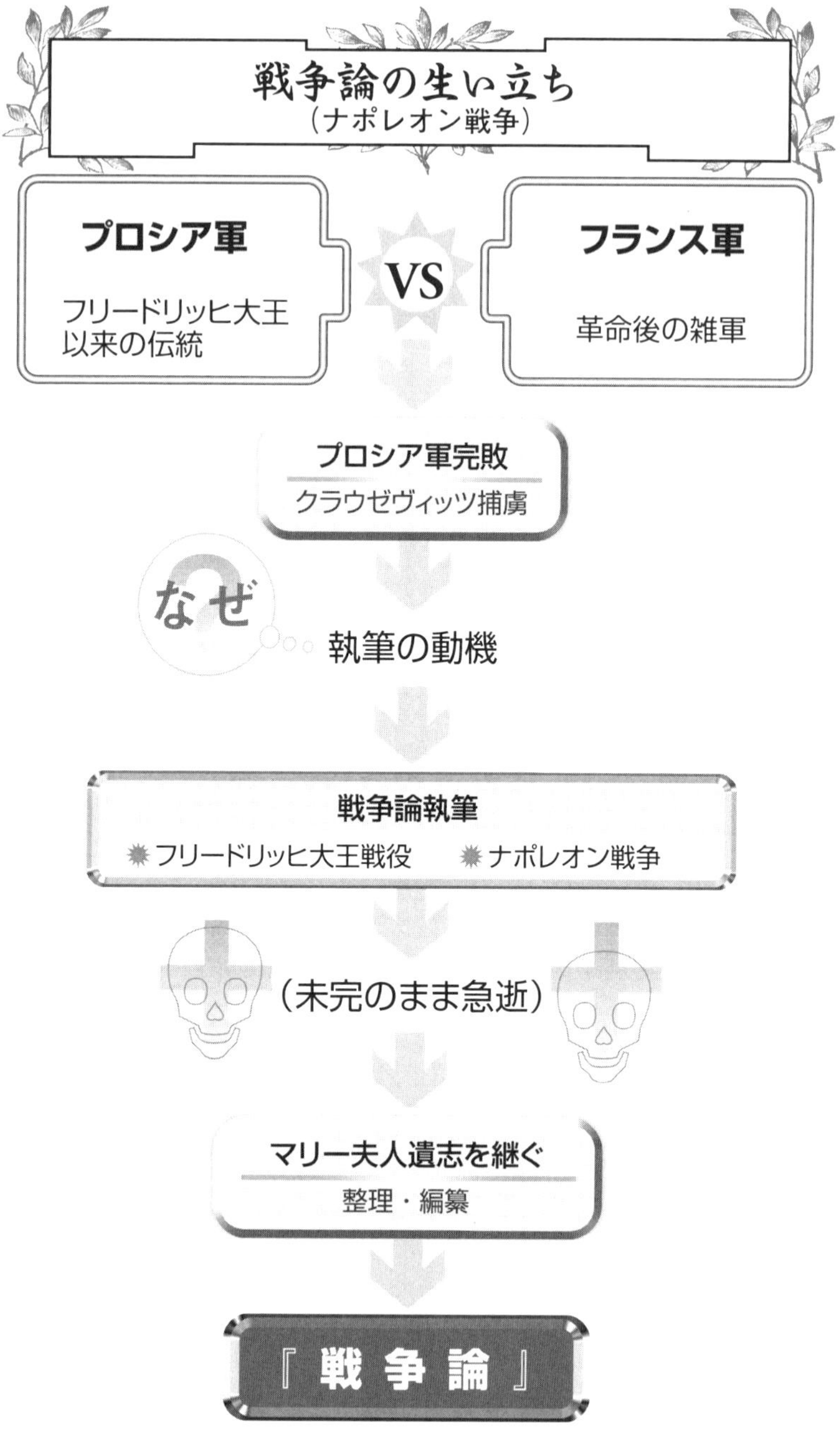
戦争論の生い立ち
（ナポレオン戦争）
プロシア軍
フリードリッヒ大王
以来の伝統
VS
フランス軍
革命後の雑軍
プロシア軍完敗
クラウゼヴィッツ捕虜
なぜ
執筆の動機
戦争論執筆
フリードリッヒ大王戦役
ナポレオン戦争
（未完のまま急逝）
マリー夫人遺志を継ぐ
整理・編纂
『戦争論』

クラウゼヴィッツの思考

2 プロシア王国は戦争を繰り返してきた

戦争論について語る時、クラウゼヴィッツの祖国であり、戦争論を生む素地となったプロシア王国について知る必要があろう。

一般にプロシア即ドイツと取る向きが多いが、実はドイツにはプロシアという地方はない。このプロシアについて語る時、まず「ブランデンブルク」と「ドイツ騎士団」の二つから話さねばならない。

一〇世紀後半、神聖ローマ帝国（ドイツ第一帝国）が成立した時、ドイツ東北部にスラブ人に対する防壁としてブランデンブルク辺境州が置かれた。

そしてその知事である辺境伯《へんきょうはく》は、一三五六年**選挙侯**《せんきょこう》に指定され、ドイツ諸侯の中でも重きをなすようになった。

一方、一二八〇年に十字軍活動が終末を迎えた時、聖地エルサレム防衛に活躍した宗教騎士団の一つであるドイツ騎士団は、神聖ローマ皇帝からバルト海東岸、ヴィスラ河東の地、いわゆるプロシア地方を与えられた。

やがてドイツ騎士団は、東ヨーロッパ中部から勢いを伸ばしてきたポーランド王国と争うよ

選挙侯

神聖ローマ皇帝（ドイツ皇帝）を選出する資格を持つ有力諸侯。1356年、皇帝カール６世が「金印勅書」でマインツ、ケルン、トリエルの各大司教（聖職諸侯）、ボヘミア王、ライン宮中伯（ファルツ伯）、ザクセン公、ブランデンブルク辺境伯の７諸侯を指定。

うになったが、一四一〇年「タンネンブルクの戦い」に敗れ、その領土プロシアの西半分を奪われた上、属領化されてしまった。

一四一五年、「コンスタンツの宗教会議」において、ブランデンブルク辺境伯と選挙侯位は、ドイツ南西部の小領主ニュルンベルク城伯フリードリッヒ・フォン・ホーエンツォレルンに与えられた。

一方プロシアにおいても、同家の支流アルベルトが騎士団長になり、一五二五年宗主国ポーランド王の承認のもとプロシア公となった。

そののち、プロシア公国の男系が絶えると同公国は、ホーエンツォレルン本家が相続するが、あくまでブランデンブルク侯国とプロシア公国は、併立した同君連合のままだった。

フリードリッヒ一世　プロシア国王となる

さて、皇帝、ドイツ諸侯がカトリック（旧教）とプロテスタント（新教）に分かれ、それぞれを支援する周辺諸国を巻き込んで行なわれた「三十年戦争」では、ドイツ全土は荒廃の極みに達したが、ブランデンブルクもその例外ではなかった。

この戦争の惨禍からブランデンブルクを復興させたのが、のちに大選挙侯といわれたフリードリッヒ・ウィルヘルムであった。

彼は、自国に駐留していた皇帝軍、スウェーデン軍を追放し、戦争収拾の「ウェストファリア条約」で大いに領土を増やし、そして内政改革、産業奨励によって大いに国力を伸ばした。

彼は、「スウェーデン・ポーランド戦争」（一六五五〜一六六〇年）でポーランドが敗れて弱体化したのを機に、神聖ローマ皇帝の仲介のもと「オリヴァ条約」によりプロシア公国をポーランドから独立させ、自己のブランデンブルク侯国に合併したのであった。このフリードリッヒ・ウィルヘルムの跡を継いだフリードリッヒ三世は、「イスパニア継承戦争」において神聖ローマ帝国皇帝レオポルド一世を大いに助けた功により、念願の王号を許され、プロシア国王フリードリッヒ一世となったのである。これがのちにドイツを統一し、世界に冠たるドイツ帝国を作り上げるプロシア王国の始まりであった。

ちなみに、本来ならブランデンブルク王国となるべきところ、神聖ローマ帝国（ドイツ）内に王国ができるのを望まない皇帝は、ドイツ国外の地プロシアの地名をもって王号を許したのであった。

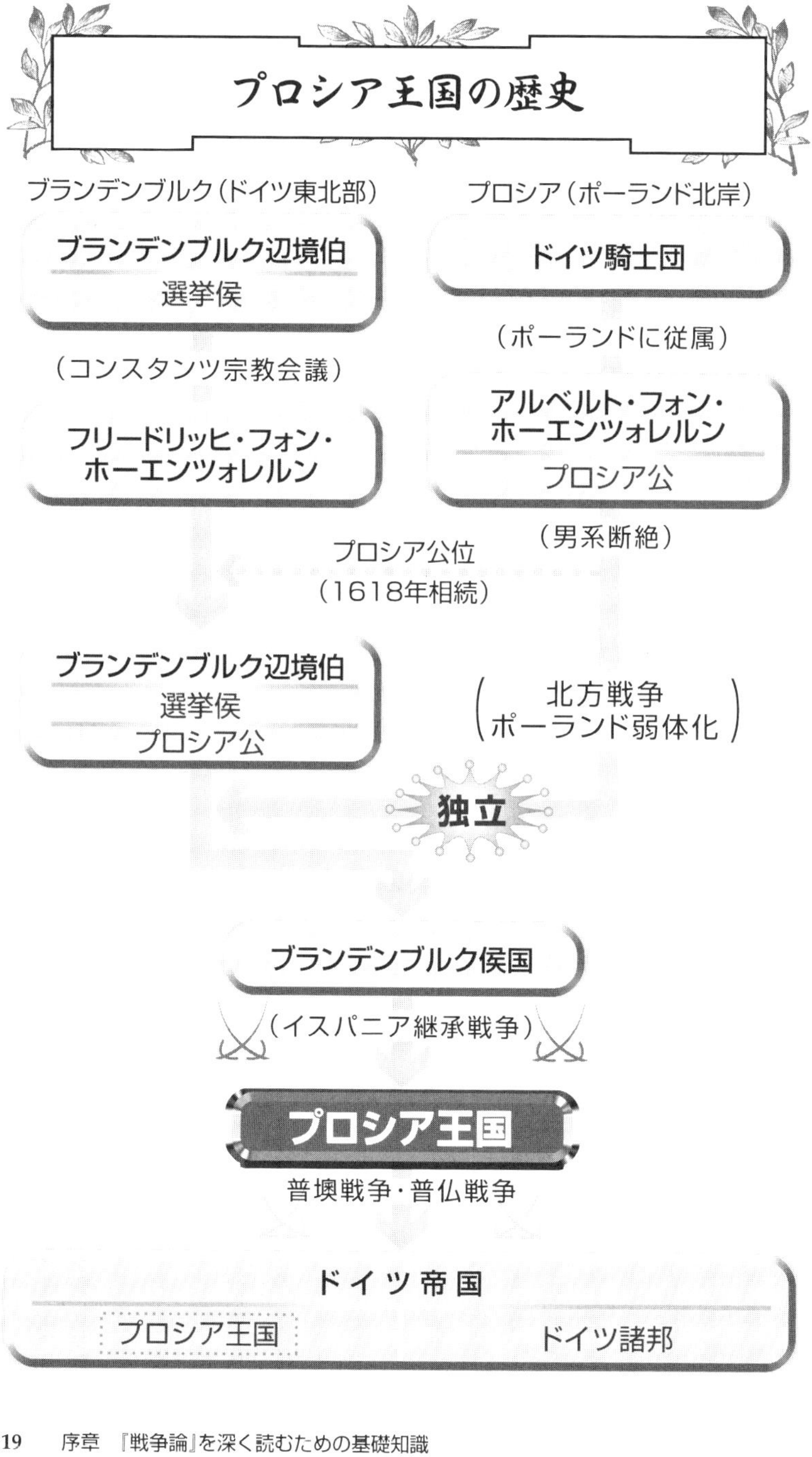
プロシア王国の歴史
ブランデンブルク（ドイツ東北部）
プロシア（ポーランド北岸）
ブランデンブルク辺境伯
選挙侯
ドイツ騎士団
（ポーランドに従属）
（コンスタンツ宗教会議）
アルベルト・フォン・ホーエンツォレルン
プロシア公
フリードリッヒ・フォン・ホーエンツォレルン
（男系断絶）
プロシア公位
（1618年相続）
ブランデンブルク辺境伯
選挙侯
プロシア公
北方戦争
ポーランド弱体化
独立
ブランデンブルク侯国
（イスパニア継承戦争）
プロシア王国
普墺戦争・普仏戦争
ドイツ帝国
プロシア王国
ドイツ諸邦

第1章

「戦争」とは どのようなものか

1 戦争とは、暴力行為そのものである

- 戦争とは、個人の決闘と同じである。
- 戦争とは、自分の意志を相手に強制する暴力行為である。
- 観念的には、戦争は無制限にエスカレートする。

クラウゼヴィッツは、戦争とは個人の決闘と同じく、自分の意志を相手に強制する暴力行為と定義づけた。

そして、この暴力行為である戦争は、観念的には次の三つの要因から無制限にエスカレートするものであるとした。

▼暴力行為自体が持つエスカレート性
▼相互に相手を打倒しようとする意図および感情
▼相手の出方に対する憶測

さて、このように無限にエスカレートし、ついには相手を消滅させるまでに至った戦争が歴

史上あったであろうか？

それがあったのである。前後三回、一二〇年にわたって行なわれたローマVS**カルタゴ**の「ポエニ戦争」である。

ちなみにポエニとは、カルタゴの本国フェニキアのラテン読みである。

シシリー島の支配をめぐって新興国ローマが、地中海の女王と呼ばれ富裕と強大さを誇った北アフリカのカルタゴに挑戦した第一次ポエニ戦争（B.C.二六四〜二四一）は、おおかたの予想に反してローマの完勝となった。

次いで、ローマに対する復讐の念に燃える、カルタゴのイスパニア総督である若い将軍ハンニバルが起こした第二次ポエニ戦争（ハンニバル戦争）は、「カンネーの決戦」をはじめ連戦連勝、ローマをあわやというところまで追い詰めるが、本国の支援皆無とローマの徹底抗戦のため戦力を消耗し、やがて敗北する。

カルタゴにとって苛酷であった講和条件

この第二次ポエニ戦争における講和条件は、次のようにカルタゴにとって苛酷《かこく》なものであった。

一、カルタゴの海外領土をすべて引き渡す。
一、賠償金一万タレントを五〇年間の年賦で支払う。
一、小型艦一〇隻を除くすべての軍艦、戦象を引き渡す。

カルタゴ
北アフリカにあったフェニキアの植民都市。本国フェニキアの滅亡後も、その卓越した航海術と通商力によって世界の富を独占、「地中海の女王」と呼ばれた。地中海の支配をめぐって新興国ローマと衝突。前後3回、120年間にわたる「ポエニ戦争」の結果、B.C.146年滅亡。

一、ローマの許可なく他国と開戦しない。

しかしながら、カルタゴの復興はめざましかった。そうこうするうち、戦後一四年目のB.C.一八七年、カルタゴは賠償金の残額三六年分七二〇〇タレントの一括支払いを申し出て、ローマを驚愕させた。

またこの頃、カルタゴ視察におもむいたローマの監察官ポルキウス・カトーは、カルタゴの繁栄ぶりに驚き、帰国してからの元老院での報告において、カルタゴの復興と第二、第三のハンニバルを生むその危険性について激越な演説を行ない、その結語として、富裕の象徴であるイチジクの籠《かご》をかざしながら「このイチジクの豊かに実れる国は、一衣帯水《いちいたいすい》にあり。カルタゴ滅ぼさざるべからず！（Delenda est Carthago）」と絶叫したのであった。

以後彼は、過激なカルタゴ討滅論者となり、機会を求めてはカルタゴ討滅を論じ、必ずこの「Delenda est Carthago！」の句をもってしめくくるのであった。

戦う意志のないカルタゴを滅ぼしたローマ

こうしてローマの世論はカルタゴ討滅へ動いていったが、古代であっても国際社会の正義はある。いかにその経済的優越に脅威、反感を抱いたとはいえ、まったく対立の意志のないカルタゴを理由なく討つ訳にはいかない。

以後ローマは、まったく戦う意志のないカルタゴを挑発し、何とか開戦の口実を作るべく、あらゆる邪悪な手段を弄《ろう》することになる。

まず、カルタゴの隣国ヌミジア王国を扇動してカルタゴ領を侵略させ、たまりかねたカルタゴがヌミジアに対し開戦するや「ローマの許可なく、他国と開戦しない」との前戦役の平和条項を盾に取ってこの戦争に介入、そして次々と無理難題を吹っかけた。

まず、カルタゴ貴族の子女三〇〇人を人質に取ってローマに送った。

次いで「貴国の安全は、以後ローマが保障するので、無用となった武器はすべて差し出せ」と強要し、カルタゴの持つ武器、鎧《よろい》、盾、槍、剣など一式二〇万組、投石機《カタパルト》二〇〇〇基を押収した。

この武装解除により、カルタゴの防衛力をまったく奪ったローマは、最後の難題を吹っかけた。彼らは、カルタゴが常に事を起こし地中海の平和を損なうのは、その海洋国家としての対外進出にあるとして、現在のカルタゴ本市を捨て、内陸一二マイル（一マイルは約一・六キロメートル）への移転を命じたのである。

海洋通商民族であるカルタゴから海を取り上げることとは、死ねというのに等しい。

この期《ご》に及んでようやくローマの本心を知ったカルタゴは、もはやこれまでとローマと戦うことに決し、その戦備にかかった。

すなわち神殿、家屋に使われている鉄から剣や槍を、屋根の鉛板で投石機の弾丸を作り、女子はその髪を切って弓の弦《つる》、投石機のバネに供するなど、またたく間に強力な戦備を再建したのであった。

こうしてB.C.一四九年、第三次ポエニ戦争が始まった。

この戦いに運命をかけるカルタゴは、一致団結して頑強に戦い、ローマ軍はいたずらに損害を増すばかりであった。

そこでローマは、知勇兼備の若い将軍スキピオ・アエミリアヌスを指揮官に登用した。彼は、それまでの力攻めを改め、カルタゴ本市を包囲し、その飢えを待った。

B.C.一四六年一月、ローマ軍はついに城壁を突破し、七昼夜にわたる凄惨な市街戦の末、七〇万人を数えた市民のほとんどが殺され、前後三回、一二〇年にわたるポエニ戦争は幕を閉じたのである。

史上文明国が行なった最も恥ずべき戦争

ローマ元老院は、将来の禍根を絶つべくスキピオにカルタゴ抹殺を命じ、こうして「地中海の女王」カルタゴは、一七昼夜燃え続けて、ついに歴史から姿を消したのであった。

この第三次ポエニ戦争は、これを起こしたローマの邪悪な策謀、行為により「史上文明国が行った最も恥ずべき戦争」といわれている。

ちなみに、太平洋戦争の末期、和平工作に尽力した人々の胸中には「何としてでも、カルタゴ型滅亡だけは避けたい」との希求があったことを付記しておこう。

相手を完全に打倒した戦争
（ポエニ戦争：ローマVSカルタゴ）

第1次ポエニ戦争

✷シシリー島の支配権争奪　✷弱小国ローマVS強大国カルタゴ

●ローマ完勝　●シシリー、サルジニア獲得

↓

第2次ポエニ戦争（ハンニバル戦争）

✷ハンニバルのローマ復讐戦　✷連戦連勝（イタリア半島）
✷本国の支援なし

●ハンニバル敗れる（ザマの会戦）●カルタゴ降伏　●莫大な賠償金

↓

カルタゴの驚威的復興

ローマの脅威感大

（ローマ、カルタゴ討滅を決意）

↓

苛酷な無理難題

✷人質の強奪　✷武器押収　✷本市の内陸移転

カルタゴ憤激

↓

第3次ポエニ戦争

✷カルタゴ善戦　✷ローマ兵糧攻め

カルタゴ降伏

↓

カルタゴ消滅

✷本市完全破壊　✷生存者奴隷化

2 現実の戦争は、政治に支配される

- 戦争の無限界性は、現実的諸要因により緩和される。
- 現実の世界は、観念上の無限界性と抽象性を排し、蓋然性の推測に従う。
- 現実の戦争には、各種要因により中断がある。

さて、観念上の世界では、その相互作用により無制限にエスカレートするはずの戦争は、現実に戻ると次のようないろいろな要因、すなわちクラウゼヴィッツのいう「政治上の諸問題」により抑止、緩和されてくる。

▼戦争は完全に独立／孤立した行動ではない（国家活動＝政治の制約を受ける）

▼戦争は一度のみでは終わらない（一《いち》か八《ばち》かの全力勝負を賭ける訳にはゆかない）

▼戦争終了後に対する思惑（戦争終了後の政治的打算等）

すなわち、現実の戦争は政治上の情勢によって大きくコントロールされるというものである。

さて、観念上無制限にエスカレートするはずの戦争が、クラウゼヴィッツのいう政治上の要因によってコントロールされた具体的なよい例がある。

冷戦時代の軍備拡張競争

ドイツ、日本の降伏により第二次世界大戦が終結し、世界に恒久の平和が訪れたかに見えたが、その願いはソ連首相スターリンの貪欲な野望によってもろくも崩れ去ってしまった。

彼は、あの友情に満ちた「**ヤルタ会談**」の取り決めをすべて反古《はご》にし、東欧諸国に共産主義政権を擁立して衛星国とし、西からの防壁とした。

また、イラン、トルコ、ギリシャの共産勢力を支援して内戦を起こさせる等、その魔の手を各地に伸ばしていった。

これに対し、強い反共産主義者であるアメリカ大統領トルーマンは、トルーマン・ドクトリンを発表し、その「欧州復興計画（マーシャル・プラン）」によって共産主義封じ込めに躍起となった。

こうしてアメリカを盟主とする「北大西洋条約機構（NATO）」と、ソ連とその衛星国からなる「ワルシャワ条約機構（WTO）」は、いわゆる鉄のカーテンをへだてて鋭く対立するようになった。いわゆる「冷戦（cold war）」である。

その主体は、アメリカとソ連の核戦力の増強による軍備拡大競争となっていった。

その根底にあるものは、

ヤルタ会談

1945年2月、クリミア半島の先端のヤルタで、米大統領ルーズベルト、英首相チャーチル、ソ連首相スターリンによって行なわれた頂上会談。第2次世界大戦終結後の世界の新秩序構築をテーマに、国際連合設立、ヨーロッパ解放宣言、ドイツ処理等が話し合われた。

▼より強力なものを求めての核兵器の開発
▼自由主義陣営と共産主義陣営の相互不信による憎悪
▼相手側の戦略、意図の不明確による憶測の積み重ね
等々で、まさしくクラウゼヴィッツのいう、観念的戦争の世界であった。

その競争は、核弾頭の開発そしてその運搬手段の開発、配備であった。

これら核弾頭を装備したＩＣＢＭ（大陸間弾道ミサイル）、ＩＲＢＭ（中距離弾道ミサイル）、ＳＬＢＭ（潜水艦発射弾道ミサイル）を装備した原子力潜水艦（ＳＳＢＮ）、そして核爆弾を搭載した戦略爆撃機が常時臨戦体制／態勢で、それぞれ相手の主要目標にピタリと照準を合わせているという恐怖の時代であった。

しかしながら、際限なく続くこの軍拡競争にも、やがてこれをコントロールしようとする動きが出てきた。

クラウゼヴィッツのいう政治的情勢である。

それは、
▼あまりにも肥大化した核戦力による地球破滅への恐怖
▼あまりにも膨張した軍事費の重圧
等々であった。

そして米ソ両国は、相手不信による核戦力の増強とそれに歯止めをかける軍備管理という二律背反の世界をゆれ動くことになった。

深刻な東西冷戦も共通の利害により終結した

一九五三年、独裁者スターリンの急死の後を継いだフルシチョフの「雪解け政策」、その後を継いだブレジネフの「デタント政策」で緊張緩和の曙光が見えたとも思われたが、そのデタントも、一九七九年一二月のソ連のアフガニスタン侵攻によりもろくも崩れ去り、両陣営はより鋭い対立関係に戻ってしまった。

このような一九八五年、冷戦の救いの神として登場したのが、若いソ連共産党書記長ミハイル・S・ゴルバチョフ（五四歳）であった。

彼が引き継いだソ連は、ブレジネフ政権晩年の恐るべき荒廃により、断末魔の様相を呈していた。

その主な要因は次のようなものであった。

▼GNPの二〇%にも達する軍事費の重圧
▼内政の弛緩、荒廃による犯罪、麻薬、アルコール中毒等の蔓延《まんえん》
▼硬直、腐敗した官僚政治
▼ノーメンクラツーラと呼ばれる一握りの特権階級による富の独占

ゴルバチョフは、あの有名な「ペレストロイカ（改革）政策」により、この荒廃の極みに達したソ連を立て直そうとした。

彼は、「グラスノスチ（情報公開）」と「民主化」により、国民に自発的な活力を与えて内政

の立て直しを、そして「新思考外交」により西側諸国、特にアメリカとの関係改善を図ろうとした。

これは、「双子の赤字」という巨額な赤字に悩むアメリカのレーガン政権にとっても、まさに渡りに舟であった。

そして、ゴルバチョフの新思考外交は、マルタ会談で頂点に達した。

一九八九年二月のアフガニスタンからの完全撤退を踏まえ、彼は同年一二月、アメリカ大統領ブッシュとマルタ島で会談、この会談で双方は冷戦の終結、協調と相互依存関係を確認し、そして懸案の「戦略兵器削減交渉（ＳＴＡＲＴ）」「欧州通常兵力交渉（ＣＦＥ）」の九〇年妥結を確認するという大きな成果をあげた。

また、ゴルバチョフは、東欧諸国を支配、拘束してきた「ブレジネフ・ドクトリン」の撤廃を、ブッシュは「ペレストロイカ支援」を約束した。

こうして、ヤルタ会談の破局以来、東西ヨーロッパを冷厳に区別していた鉄のカーテンは取り払われ、スターリンVSトルーマンに始まる冷戦の幕を閉じたのである。

すなわち、相手側相互不信に始まる、限りない核戦力の増強による地球破滅の恐れのある核戦争の危機が、クラウゼヴィッツのいう各種の政治情勢、例えば地球破滅の危機感、核戦争回避への世論、軍事費膨張の重圧、良心等によってコントロールされ、回避されたよい例といえよう。

冷戦とその終結

ヤルタ会談
✹友情と恒久の平和
ルーズベルト（米）　チャーチル（英）　スターリン（ソ）

（もろくも崩れる）

スターリンの横暴
✹東欧諸国の共産・衛星国化　✹ギリシャ、トルコ等の内戦支援

（東西対立：**冷戦**）

北大西洋条約機構（NATO）　**VS**　**ワルシャワ条約機構**（WTO）

核兵器の威力向上　相互不信　相手の意図への憶測

核軍備拡大競争
✹核弾頭の威力　✹運搬手段
⅄ICBM/IRBM　⅄原子力潜水艦　⅄戦略爆撃機

●地球破滅の恐怖　●軍事費の膨張

核戦力の増強　**VS**　**軍備管理**

雪解け政策　フルシチョフ
デタント政策　ブレジネフ

マルタ会談
✹ブッシュ大統領
✹ゴルバチョフ書記長

ペレストロイカ
✹民主化　✹情報公開　✹新思考外交
ゴルバチョフ

冷戦終結

3 戦争には同時に二つの目的は存在しない

- **戦争には二種類の形態がある。**
- **その一は、敵対者打倒を目的とする。**
- **その二は、敵対者の国境になにがしかの領土を占領するのを目的とする。**
- **この二者はまったく別個であり、その折衷はあり得ない。**

前項において、理論上／観念上の戦争の無限界のエスカレート性と、それが政治的要因によってコントロールされる現実的戦争について述べた。

クラウゼヴィッツは、この考えをさらに一歩推し進め、戦争には「敵対者打倒を目的とする戦争」……第一種の戦争と、「敵対者の国境で何がしかの領土を占領」……第二種の戦争の二つの形態があるとした。

これを現代兵学風にいうならば「敵軍撃滅」か「要域の占領」かということになろう。

そして彼は、この二種類の戦争の間の折衷は無いとした。

さて、彼の考えのとおり、この二種類の戦争の間をゆれ動き、あたら強大な戦力を持ちながらそれを有効に活用できず、遂には破滅への道をたどったよい事例がある。

それは、第二次世界大戦の独ソ戦におけるナチス・ドイツ（**第三帝国**）における総統アドルフ・ヒトラーと国防軍首脳との相克である。

〝敵軍撃滅〟か〝要域占領〟かの二者択一

この対ソ戦における戦略目標について、ヒトラーと国防軍首脳は完全に対立した。その原因は、先に述べた「敵軍撃滅」か「要域占領」かという戦争哲学の違いにあった。

ヒトラーの目標は、ドイツ人の生存圏（レーベンスラウム）の確立である。ウクライナの穀物、ドネツ盆地の石炭と重工業、カフカスの石油、そしてバルト海の制海権の確保すなわち北、南の要域の占領である。

彼の生存圏構想は、持たざる優秀民族ドイツ人が、持てる劣等民族スラブ人を植民地化、奴隷化し、その犠牲の上にドイツ第三帝国の繁栄を築こうとするものであった。

一方軍部は、かつてソ連と極めて親しい関係にあった。ヴェルサイユ条約で軍備に厳しい制限をつけられたとき、ドイツ国防軍はラパッロ条約の秘密条項によって、機甲部隊、航空部隊の訓練、さらに航空機の生産さえもソ連国内で行なっていた。

ソ連の内情に通じていた国防軍首脳は、一見鈍重ながら、ソ連の持つ奥深い底力を十分にわ

第三帝国

アドルフ・ヒトラー率いるナチス・ドイツの正式名称。神聖ローマ帝国、プロシア中心のドイツ帝国に次ぐ、ドイツ人による3番目のローマ帝国の意。持てる劣等民族スラブ人、ユダヤ人等を支配し、その犠牲の上にゲルマン民族の繁栄を築こうとした。

きまえていた。

また、クラウゼヴィッツが提唱し、名参謀総長モルトケによって確立した敵軍主力殲滅による戦争目的達成の戦理を信奉する国防軍にとっては、ヒトラーの要域占領戦略は外道《げどう》であり、首都モスクワを突いてソ連軍主力を誘い出し、一挙にこれを撃滅する以外に勝算が成り立たなかったのである。

ところがヒトラーは、この考えをソ連の力を過大視するものであると一笑に付し、スターリンの専制恐怖政治は国民の怨嗟《えんさ》の的であるとし「我々はドアを開くだけでよい。朽ち果てた屋台骨はひとりで崩壊するであろう」と断言した。

最も愚劣な三正面作戦をとったドイツ軍

この両者の争いは、おべっか使いの国防軍最高司令部（ＯＫＷ）長官カイテル元帥の仲介により、戦略目標を次の三正面とする最も愚劣な三正面作戦という妥協案となってしまった。
①　レニングラード正面……バルト三国占領、バルト海の制海権確保……要域占領
②　モスクワ正面……ソ連軍主力を誘い出し、撃滅……敵軍撃滅
③　ウクライナ正面……ウクライナの穀物、カフカスの石油等の確保……要域占領
一九四一年六月二二日、ヒトラーはついに「バルバロッサ作戦」を発動した。

緒戦においてこの三正面作戦は極めて順調に進展したが、ここでヒトラーは、作戦目標をレニングラードとウクライナの二正面へ、次いでモスクワへ変更し、そしてまたしても三正面作

戦へ変更した。

このようなヒトラーの再三の作戦変更は、ソ連側に大きな反攻準備期間を与えた。

駐日ドイツ大使の情報顧問であるスパイ、**ゾルゲ**の報告により、日本の対ソ参戦の意志の無いことを知ったスターリンは、シベリア駐屯の最精鋭部隊三四個師団をはじめ約一〇〇個師団の新兵力をモスクワ戦線に投入、総反撃に出た。加えてその豊富な人的資源、ウラル以東に疎開させた重工業による兵器生産、膨大な米・英からの軍事援助等々による底力が徐々に表れてきたのである。

一二月初旬、モスクワ正面のドイツ軍は、新手《あらて》のソ連軍の大反撃を受けたのを皮切りに全戦線にわたって総崩れとなった。この危機にあたって、陸軍総司令部（ＯＫＨ）そして前線の指揮官たちは、後退、再編成を具申したが、これに対しヒトラーは陸軍総司令官フォン・ブラウヒッチ、北方、中央、南方各軍集団司令官のフォン・レープ、フォン・ボック、フォン・ルンドシュテットの四元帥、百戦錬磨の機甲集団司令官グーデリアン、ヘップナーの両上級大将を解任、自らを陸軍総司令官に任じて戦線の断固死守を命じた。

ドイツ軍の敗因はヒトラーと国防軍の相克にある

これによりドイツ軍は奇跡的に立ち直ったが、これがヒトラーに作戦指導上の絶対的自信と陸軍統帥部への不信と軽蔑を与え、以後彼は陸軍首脳の意志をまったく無視した恣意的作戦指導に没頭するようになる。

ゾルゲ
グルジア生まれのドイツ人ジャーナリスト、実はソ連のスパイ。来日後、ドイツ大使オットーの信任を得、近衛文麿首相の側近となる。独ソ戦開始に際し、近衛首相に「南進論」を説得、「日本は対ソ参戦せず」を決定させ、スターリンを助けた。1941年検挙、のち死刑。

そして悲劇の「スターリングラードの攻防戦」。この「スターリングラード攻防戦」は、ソ連軍の頑強な抵抗そして大反撃、そして冬将軍の到来によりドイツ第六軍の降伏によって幕を閉じた。

そしてこの戦いをもって独ソの戦いは攻守所をかえ、第二次世界大戦の大きな転機になったことは周知のとおりである。

このヒトラーと国防軍の相克は、クラウゼヴィッツが唱えた「敵軍撃滅」「要域占領」の二種の戦争目標具現にそれぞれが固執し、それを融和、調整することができなかったことにある。すなわち、クラウゼヴィッツの言葉のとおり両者間の折衷はなかったのである。

歴史、特に戦史において「もし……」は禁句であるが、結果論的にいうならば、ヒトラーの「生存圏獲得」＝要域占領を最終目的／目標とし、国防軍の卓越した戦力による敵軍撃滅を手段としてこれを達成すべきであったのではないだろうか。

ヒトラーと国防軍の相克
（敵軍撃滅か要域占領か?）

バルバロッサ作戦における目標変更

	① 1941年 6〜8月	② 8月〜9月	③ 10月（初）	④ 10月〜12月	最終目標
北 翼（北方軍集団）	バルト三国占領		レニングラード包囲 3.4PZG	3PZG	レニングラード
中 央（中央軍集団）	スモレンスク会戦	4PZG 停止 2PZG	ブリャンスク会戦		モスクワ
南 翼（南方軍集団）		キエフ会戦	1.2PZG ウクライナ掃討	1PZG	ウクライナ ↓ カフカス
当面の作戦目標	バルト三国 白ロシア ウクライナ	レニングラード ウクライナ	モスクワ	レニングラード モスクワ カフカス	

凡例　：主作戦
- - ▶：機甲部隊の編合
（4個集団：20個師団）
1PZG：第1機甲集団

（カフカス侵攻）

南方軍集団

A軍集団
カフカス
要域占領

B軍集団
スターリングラード
敵軍撃滅

二兎を追う

占領できず

全　滅

4 戦争とは、他の手段をもってする政治の延長である

- 共同社会の戦争は、政治的動機によって喚起される。
- 故に戦争は政治的行為であり、また国家意志遂行の政治手段である。
- 戦争は他の手段をもってする政治の延長にほかならない。

戦争論の中で一番有名な言葉は、この「戦争とは他の手段をもってする政治の延長である」との一節であろう。

この言葉をそのまま実践した戦国武将がいた。織田信長である。

彼のスローガンは、その有名な「天下布武《てんかふぶ》」である。「武」という文字は戈《ほこ》を止める、すなわち争いを無くすという意味を持っている。

彼の理想／目的は武力すなわち戦争によって天下を統一して封建制を廃し、中央集権の平和な日本を建設することにあったといわれている。

彼は、「天下布武」という政治的大目的を達成するため、その過程において、手段として実に巧妙に戦争と政治を使い分けた。

その典型的な例が、対武田戦略であった。風雲児信長の天敵は、甲斐《かい》の猛虎武田信玄であった。

信長は手段として戦争と政治を使い分けた

永禄八年（一五六五年）の春、信長は一族の長老織田掃部助《かもんのすけ》を甲斐に派し、隣国美濃《みの》攻略着手の仁義を切るとともに「以後懇親を深めるため、信長の妹婿である遠山友勝の娘を養女として四郎勝頼《かつより》の妻にして欲しい」と申し入れ、この婚姻同盟を成立させた。

二年たった永禄一〇年、勝頼の妻は太郎信勝を産むと産後の肥立ちが悪くこの世を去ってしまう。

この強敵との絆を失った信長は、直ちに次の手を打った。すなわち嫡子奇妙丸（のちの信忠）の妻に信玄の末娘で、当時五歳だった松姫を欲しいと申し入れ、その婚約を成立させている。

この間、毎年数回の使者を送り、その都度丁重な時候のあいさつと、細心の心配りをした贈り物を届けている。涙ぐましいほどの気の遣いようである。

しかしながら、超現実主義者、超合理主義者であり「天下布武」の大望を抱く信長が、そう簡単に親善のみで同盟を結ぶはずはない。とにかく彼は信玄が怖かったのである。おそらく彼は、政治・外交・軍事に通じ、底知れぬ内懐《うちぶところ》の深さを持つ信玄に、一度入れば抜け出すことのできない山奥の湖のような不気味な魔力を感じていたのではあるまいか？

しかし、七重《ななえ》の膝を八重《やえ》に折る卑屈なまでの態度で、この古狸信玄をうまく丸め込んだ信長の政治性は大したものである。

さて、この織田・武田同盟も、一足先に上洛、畿内を制した信長に対する反感、信長に大きな不満を抱く将軍足利義昭《あしかがよしあき》の策謀によりもろくも破局に達してしまう。

政治力をフルに発揮し包囲網の連環を断ち切る

元亀《げんき》三年（一五七二年）一〇月、ついに信玄は三万五〇〇〇の大軍を率いて念願の上洛の途についた。

彼の戦略構想は、その政治外交力をフルに発揮した実に雄大なものであった。

彼は、将軍義昭を動かし、そのもとに越前の朝倉義景、北近江《おうみ》の浅井長政、石山本願寺、中国の毛利輝元という一大信長包囲網を築き、その上長島一揆や美濃の要衝岩村城攻略等々で信長を袋のねずみにしてしまった。さすがの信長も万事休すかに見えたが、彼もさるものであった。

彼は、同盟者である徳川家康をこの強敵にぶっつけ、自分はもっぱらこの包囲網打破に力を傾けた。割を食った家康は「三方原《みかたがはら》の戦い」で完敗する。

彼は、朝廷を動かし、将軍義昭をおどし上げる等その政治力をフルに発揮し、この厳しい包囲網の連環を断ち切ってしまったのである。

やがて信玄の死。信長は、その子である猛将勝頼を暴れるだけ暴れさせておいて、その戦力が伸び切ってしまうのを待ち、天正三年（一五七五年）五月の「**長篠**《ながしの》**の戦い**」で鉄砲の全幅活用の新戦術によって日本最強といわれた武田の騎馬軍団を完全に撃破してしまった。

この戦いで武田家は、三流軍事国家に転落してしまったが、信長は止《とど》めを刺そうとはしなかった。先天的に武田が怖いのである。

それから五年、ついに武田家討滅のチャンスがきたのである。

長篠の敗戦後勝頼は、若手部将を登用して軍団を再建し、また関《かん》八州の北条氏政《ほうじょううじまさ》の妹を妻に迎えて武田・北条同盟を結ぶなど、戦力の強化に努めていた。その勝頼が、上杉家の相続戦争に介入して大失策を犯した。

天正六年三月、上杉謙信が急死すると二人の養子景勝（謙信の甥《おい》）と景虎（氏政の弟）の間で相続戦争が起こった。この時勝頼は、こともあろうに景勝に味方し、義弟景虎を敗死させてしまった。義弟勝頼に弟を殺された氏政は、ただちに同盟を破棄、敵方にまわる。

こうして勝頼は、実質的に何の意味もない「上杉・武田同盟」の代償に、織田、徳川、北条の三強をすべて敵にまわす致命的な愚を犯した。それでも信長は動かなかった。とにかく武田が怖いのである。

天正九年（一五八一年）一二月、勝頼は甲府の躑躅《つつじ》ヶ崎の館を捨て、新たに築城した新府の城に移った。彼の父信玄は「人は濠、人は石垣、人は城」と称して城を持たなかった。この勝頼の移転に、彼の自信喪失を知った信長は、ようやくにして武田氏討滅の確信を得たのであった。

長篠の戦い

天正３年、遠江長篠城の争奪に端を発した武田１万5000対織田・徳川連合軍３万8000の会戦。織田方は馬防柵と3000挺の鉄砲の斉射によって、武田の騎馬軍団を完全に撃破。武田家は、一夜にして三流軍事国家に転落。やがては信長の猛攻の前に滅亡する。

最後には圧倒的な武力で敵を撃滅する

しかしながら信長は、その上にも念を入れた。高度の政治力を使っての武田氏内部の切り崩しである。彼は、一族の重鎮でありながら勝頼に大きな不満を抱く、従兄で姉婿の駿河《するが》江尻の城主穴山梅雪《あなやまばいせつ》、妹婿の木曾福島の城主木曾義昌《きそよしまさ》を籠絡、寝返らせた。

天正一〇年（一五八二年）二月、信長はついに武田討滅作戦を発動した。主攻は木曾義昌を案内として嫡子信忠を主将とする信濃口。穴山梅雪を先頭とする家康の駿河口、氏政の伊豆口それに助攻として木曾口、飛騨口。この五方面からの同時攻撃に対抗する力はもはや武田家にはなかった。

一族、重臣たちは、あるいは降参あるいは逃散。勝頼は新府の城を焼いて退却中、重臣小山《おや》田信茂《まだのぶしげ》に裏切られて、ついにわずかな近臣たちと天目山《てんもくざん》において自刃してしまった。

永禄八年（一五六五年）織田・武田同盟締結以後一七年、長篠の戦い以来七年かけての決着であった。「天下布武」という大政治目的を掲げ、それを達成するための最大目標である「武田家討滅」にピタリと照準を合わせ、長年かけてあるいは政治・外交の駆け引きで、あるいは戦いで少しずつ相手を弱体化させ、最後には圧倒的な武力でこれを撃滅し、その目標を達成した信長の戦略は、クラウゼヴィッツの「戦争とは他の手段をもってする政治の延長である」との名言を地で行くものであった。

信長の対武田戦略
（戦争と政治手段の使い分け）

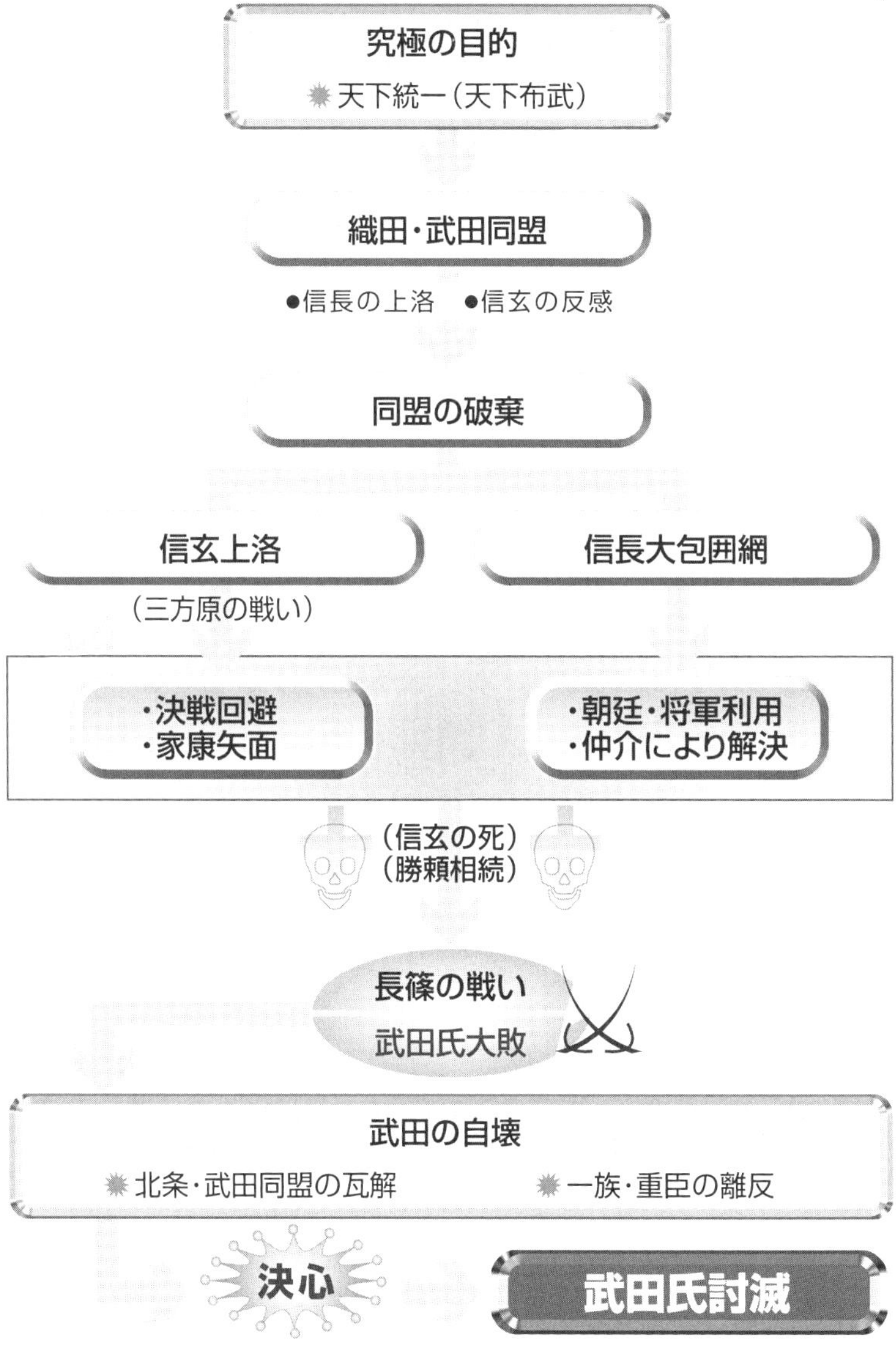

5 戦争の究極の目的は、敵の意志を屈服させること

- **戦争の究極の目的は、敵の打倒すなわち抵抗力の剝奪に帰結する。**
- **そのためには、まず敵戦闘力を壊滅し国土を占領しなければならない。**
- **しかしながら敵の意志が屈伏されぬ限り戦争の終結と見なすことができない。**
- **講和の強制をもって戦争目的の達成または戦争の終結と見なす。**

クラウゼヴィッツは、戦争の究極の目的は観念的には敵の打倒であり、その手段としての敵戦闘力の壊滅および敵国土の占領のみでは不十分で、敵の意志を屈伏させることが必要とした。そして終結を講和条約に調印させるか敵国民を降伏させることとしたのである。

しかしながら現実的な戦争においては、必ずしも敵を完全に打倒することでなく、目的である講和を達成する次の二つの動機があるとしたのである。

▼戦争の勝敗に対する推測――すでに戦争の帰結が明らかである時
▼力の支出に対する考慮――勝っても、負けてもその犠牲が政治目的に釣り合うかどうか?
　すなわち費用対効果の問題

　さて、現実の戦争で今述べた「勝敗に対する推測」「力の支出に対する考慮」のいずれにおいても、最悪の結果が予想されながら、断固とした意志をもって屈せず戦い抜き、ついには最後の勝利をつかみ取った例がある。

　第二次世界大戦における、チャーチル率いるイギリスである。

断固とした意志をもって戦い抜いたチャーチル

　さて、フランスを下したナチスドイツ総統ヒトラーは、難敵イギリスと正面切って戦うことを好まず、イギリスに対し和平を呼びかけた。剛毅なチャーチル首相は、議会で「欧州の各国が倒され、将来さらに倒れ去らんとしても、われわれは戦い抜くであろう。海浜において戦い、上陸地点において戦い、野原において戦い、街路において戦い、われわれは断じて降伏しない。そして、万一、そのようなことを一瞬たりとも信じないが、本土の大部分が征服されても、その時は海のかなたの我が帝国(英連邦)で戦い、新世界(アメリカ)が、その権力と武力のすべてをもって旧世界の救済と解放とのために進みくる日まで戦い抜くであろう」と演説し、断固これを拒否したのであった。

　そこでヒトラーはイギリス侵攻の「あしか(ゼーレーベ)作戦」の準備にかかったが、悲しいかなドーバー海峡の制海権はイギリス海軍の手中にあり、その発動の目途《めど》はまったく立たなかった。

この時しゃしゃり出たのがナチスドイツのナンバー2、空軍総司令官の**ゲーリング**元帥であった。彼は空軍のみでイギリスを屈伏させると大見得を切り、ヒトラーもこれを許した。

一九四〇年八月一日、ゲーリングの命令一下ケッセルリング元帥の第二航空艦隊をはじめとするドイツ空軍二七〇〇機はイギリス本土に殺到した。

これに対しイギリス側は、ドウディング大将の戦闘機集団七〇〇機でこれを迎え討った。劣勢なイギリス空軍は終始苦戦を強いられたが、旺盛な敢闘精神、主力戦闘機スピットファイヤーの性能、レーダー活用の防空戦闘で三カ月間でドイツ機一七〇〇機を撃墜し、ついにヒトラーのイギリス侵攻を断念させた。

優勢なドイツ空軍を敢闘精神で撃退する

このイギリスを救った空軍の敢闘に対し、チャーチル首相は議会で「人間の闘争の歴史において、かくも多くの人々が、かくも少数の者たちによって救われたためしは、かつてなかった……」（Never the field of human conflict was so much owed by so many to so few…）と絶賛、感謝の意を表明したのであった。

この時のイギリスのおかれた立場は、誰が見てもまったく孤立無援でその運命は風前の灯《ともしび》であった。

ゲーリング

ヒトラーの盟友で、ナチス・ドイツのNo.2。航空相、空軍総司令官。無定見、恣意的行動、ヒトラーの厚情に甘えた豪奢、放埒な生活でひんしゅくを買う。大戦末期、総統位を要求してナチス党除名。ニュールンベルク裁判で死刑宣告、処刑直前に服毒自殺。

チャーチル不屈の闘志

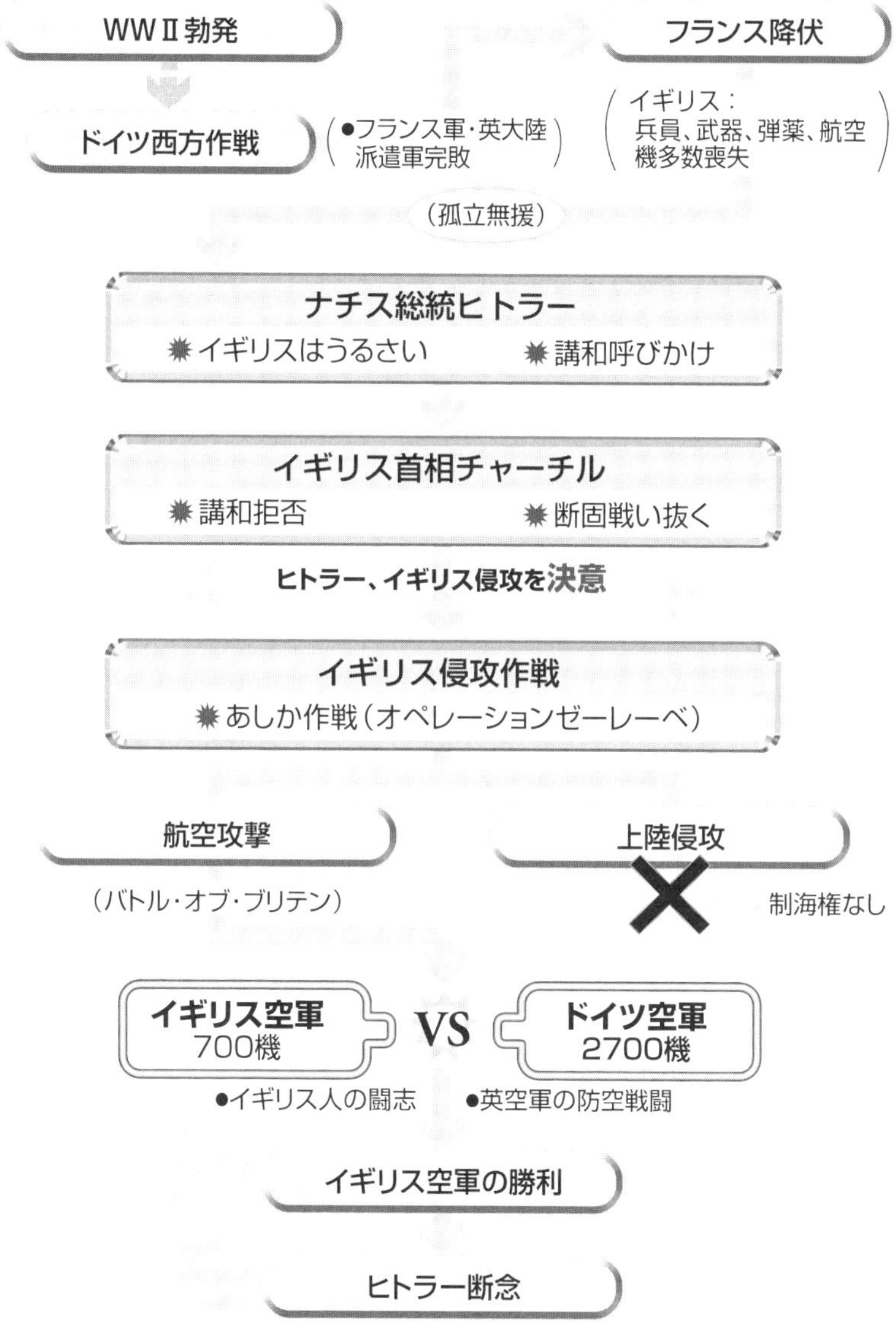
WWⅡ勃発
ドイツ西方作戦
●フランス軍・英大陸派遣軍完敗
フランス降伏
イギリス：兵員、武器、弾薬、航空機多数喪失
（孤立無援）
ナチス総統ヒトラー
イギリスはうるさい
講和呼びかけ
イギリス首相チャーチル
講和拒否
断固戦い抜く
ヒトラー、イギリス侵攻を決意
イギリス侵攻作戦
あしか作戦（オペレーションゼーレーベ）
航空攻撃
（バトル・オブ・ブリテン）
上陸侵攻
制海権なし
イギリス空軍
700機
VS
ドイツ空軍
2700機
●イギリス人の闘志
●英空軍の防空戦闘
イギリス空軍の勝利
ヒトラー断念

即ちクラウゼヴィッツのいう「戦争の勝敗に対する推測」でいうならば、平たくいってすでに「勝負あった！」の状態であった。

それを前述のとおり不屈の精神／愛国心、卓越したリーダーシップ、そして盟友アメリカを参戦させる高度の政治力等々を遺憾なく発揮してこの苦境を脱し、ついには最後の勝利をつかみ取ったのである。

クラウゼヴィッツのいう「敵の意志が屈伏されぬ限り、戦争の終結はない」との言葉を地で行った、チャーチルの戦争／国家指導であった。

なお、この「バトル・オブ・ブリテン」と呼ばれる大航空戦の詳細に興味を持つ向きは、往年の名画『空軍大戦略』（原題：Battle of Britain）をご覧になることをお勧めする。

6 名将の才能は、学習と研鑽の結果である

- **戦争における摩擦は実戦の特質であり、この性質こそ実戦と机上の戦争との大きな分かれ目である。**
- **戦争に伴う諸摩擦の原因は次のとおりである。**
  - 戦争における危険性
  - 戦争における肉体的辛労
  - 戦争における情報の不確実性
  - 戦争における障害：偶然性、部隊行動の諸困難、不測の天候、気象等
- **軍事上の天才とは、これら戦争における諸摩擦を克服するに足る異常な素質を有する人物をいう。**

この戦争論が、他の兵学書に比べて断然異彩を放っている理由の一つは、将帥（軍隊の高級指揮官、現代風にいえば、企業のＣＥＯ）の具備すべき資格、条件に最初に言及したことであ

ろう。

ナポレオンも戦略、戦術、人の統率法を学んだ

有史以来、戦争史の世界には、アレキサンダー大王をはじめ、ハンニバル、シーザー、そしてこの戦争論執筆の一因ともなったナポレオン等数々の名将が登場した。

しかしながらそれまでの兵学の世界においては、これら名将の才能は天賦の才であり、到底普通の人間では真似できないものであると特別視し、これを研究、兵学に役立てることはなかった。

ところがクラウゼヴィッツは、これら名将を軍事上の天才として取り上げ、そのよって立つところを①前述の「戦争における諸摩擦を克服する個人の資質」、②地形眼と称し、現代風にいうならば「その軍隊のおかれた状況から、想像力、洞察力を働かせて的確に情勢を判断する能力」の二つとし、これらは必ずしも天賦の才能のみではなく、学習、研鑽《けんさん》により身につけ得ることを示唆したのである。

事実、あの軍事の天才といわれたナポレオンをとってみても、彼の天才的な卓越した軍事の才能は必ずしも天賦のものではなかった。

不遇な青年時代に暇にあかせてアレキサンダー大王、ハンニバル、シーザー等英雄の伝記を読み漁り、英雄たる気概を養い、戦略、戦術そして人情の機微にふれる統率法を習得したと自ら述懐している。

さて、そこでこのクラウゼヴィッツが述べた将帥の資質にかかわる戦史上の事例をとり上げてみよう。

冷徹な判断力と不屈の精神をもったハンニバル

ハンニバルのアルプス越え以来「チキニス河畔の遭遇戦」「トレビア河畔の戦闘」で完敗、全ローマ軍八万のうち七万を失ったローマは、最高指揮官である**執政官**スキピオとセンプロニウスを更迭し、クネイウス・セルヴィリウスとカイウス・フラミニウスを選出した。そして前回の戦いでほとんど壊滅状態にある軍隊の再建に取り組み、新たに八個軍団計八万の軍隊を編成した。

ハンニバルが北方からローマ市を衝《つ》くには、イタリア半島を縦断するアペニン山脈の西側に沿うアペニン山道と、アドリア海岸のミラノ街道を経てアペニン山脈を横断する二つの経路があった。

そこでローマ側は、アペニン山脈中腹の要衝アレクチウムにはフラミニウスを、ミラノ街道の要衝アリミニウムにセルヴィリウスをそれぞれ兵四万を付して配置しハンニバルの通路を押さえ、いずれも通っても相呼応して挟撃できる万全の態勢を固めた。

この時一方の将フラミニウスは「戦いはすでに勝ったも同然」として、捕虜用の足枷《あしかせ》三万を用意したと伝えられている。

ところが、緻密《ちみつ》な情報活動によりこのローマ側の作戦構想を知りつくしているハンニバルは

執政官
ローマ共和国の最高行政執行者。元老院によって貴族、平民から各１人選ばれ１日交代で国政を執行する。任期１年。戦争にあたっては、最高指揮官として全軍８個軍団をそれぞれ４個軍団ずつ指揮する。統領ともいう。英名コンスル。

その手に乗らず、まったく奇想天外ともいえる大冒険的行動を行おうとしていた。アペニン山脈を源流としてチレニア海に注ぐアルノ河上流にキヤナ低地と呼ばれる大沼沢地《しょうたくち》があるが、ハンニバルはこれを踏破して一路ローマを衝こうというものであった。

もともと人跡未踏の魔境であり、いまだ気候は初春で寒冷、しかも雪解け水で大増水中である。四日三夜にわたる踏破行は難渋を極めた。

非衛生な環境は、激しい悪疫をもたらし、全軍の約一割が倒れたほどであった。

ハンニバル自身も眼疾を患い右眼を失いながらも断固初志を貫徹し、ついにこの魔境突破に成功したのである。

先のアルプス踏破、また今回のキヤナ低地の突破は、カルタゴに対しことごとく点の辛いローマの大歴史家ポリビウスさえも、ハンニバルに対しては「いかなる困難のもとにおいても氷のような冷徹な判断力を持ち、不屈の精神力と無謀にも近いことを平然とやりとげる実行力を持った古今無双《ここんむそう》の名将」と絶賛しているが、まさにクラウゼヴィッツがあげた軍事上の天才の具備する諸条件にピッタリではあるまいか？

さて、こうしてまったくローマ側の裏をかいてイタリア平野に出たハンニバルは、慌てて追撃するフラミニウス軍四万を、ティベル河上流トラシメネス湖東岸の袋小路《ふくろこうじ》に誘い込んでこれを包囲攻撃で完全に撃破。

主将フラミニウス以下戦死者一万五〇〇〇、捕虜二万五〇〇〇というパーフェクトゲームであった。

古今無双の名将ハンニバル
（魔境キヤナ低地の踏破）

ハンニバルの活動

✸アルプス越え　✸2会戦の完勝　✸ローマの損害:7万人

ハンニバル		ローマ
ローマ進攻	VS	軍隊再建：8万人 ハンニバルを待ち受け 挟撃

ハンニバルの決断

✸ローマの裏をかく　✸キヤナ低地の突破

（●人跡未踏の大魔境　●寒冷　●大増水）
（部将たち猛反対）

ハンニバル強行

✸緻密な情勢判断　✸リスクを賭けた決断　✸断固とした実行力

トラシメネス湖畔の戦い

✸追撃するローマ軍撃破　✸ローマ軍全滅:4万人

大歴史家ポリビウスの賛辞

✸氷のような冷徹な判断　✸不屈の精神力
✸無謀に近いことをやりとげる実行力

↓

古今無双の名将

第2章

「戦争」は理論的にどのように説明されるか

1 戦略、戦術は異なるものである

- **戦争の本来の意義は闘争である。**
- **戦争には「闘争を行なう活動」と「闘争に備える活動」の二種の活動がある。**
- **闘争は、それ自身独立性を持つ数個の行動より成り立つ。**
- **したがって、闘争には次のまったく相異《あいこと》なる二活動を生ずる。**
  - 戦術：個々の戦闘をそれ自身にて塩梅《あんばい》して遂行すること
  - 戦略：これらの戦闘を戦争の目的に結びつけること

本項そして次項は「兵術の区分」として述べられている事項であり、近代兵学／兵術の三要素とされている「戦略」「戦術」そして「兵站／後方支援」を明確に区分した画期的な論述である。

彼は、戦争を構成する複数の戦闘それぞれを遂行する活動／術を「戦術」とし、これら複数の戦闘を戦争目的に向かって結びつけ、まとめる活動／術を「戦略」としたのである。

そして、極めて重要なことは、戦略と戦術はまったく相異なるものとしたことである。

近代兵学における「戦略上の失敗は戦術では回復し得ない」との常識を、すでにこの時明確にしていたのである。

戦術としては大成功であった真珠湾攻撃

一九四一年一二月八日午前一時三〇分（現地時間七日午前六時三〇分）ハワイ・オアフ島北方二三〇カイリ（一カイリは一・八五二キロ）に到達した第一航空艦隊司令長官南雲忠一《なぐもちゅういち》中将率いる機動部隊は、攻撃隊第一波一八三機を、一時間後に第二波一六七機を発進させた。太平洋戦争の始まり「真珠湾攻撃」である。「これは演習ではない」との緊急放送に象徴されるよう、アメリカ側にとってはまったくの不意討ちであった。

この奇襲攻撃は見事成功し、攻撃隊指揮官淵田美津雄《ふちだみつお》中佐は、機上からのちに映画の題名にもなったあの有名な「トラ、トラ、トラ」（我レ奇襲ニ成功セリ）を発信したのであった。この奇襲攻撃の戦果は、戦艦四隻撃沈、四隻大破をはじめ在泊艦艇の撃破多数、航空三〇〇機余撃墜破。これに対し日本側の損害は航空機二九機という驚異的なものであった。戦術的に見れば、海戦史上類を見ない大傑作の作戦といえよう。

さて、この真珠湾攻撃は、日本海軍の最高指揮官である連合艦隊司令長官山本五十六《やまもといそろく》大将が、猛反対する最高の意思決定機関である軍令部を職を賭して説得、実行したものであった。山本大将が真珠湾攻撃にあくまで固執した戦略的判断は、同期生である海軍大臣及川古志郎大将にあてた。

「開戦劈頭《へきとう》敵主力艦隊ヲ猛撃撃破シテ米海軍及米国民ヲシテ救ウ可《べ》カラザル程度ニ其《そ》ノ志気ヲ沮喪《そそう》セシム」

との書簡に明らかである。

戦略的な見地から真珠湾攻撃を分析すると…

アメリカ通であり、長期戦では到底アメリカに抗し得ないことを知る山本は、開戦冒頭から米太平洋艦隊を徹底的に撃破してアメリカ海軍そして国民の戦意を喪失させ、一気に講和に持ち込もうと考えた。結論からいって、この山本大将の戦略判断はまったく裏目に出てしまった。

その最大のものは、宣戦布告なしの攻撃により、アメリカ国民を「リメンバー・パールハーバー」の合言葉のもと対日戦争に結集させてしまったことである。

当時のアメリカ大統領F・ルーズベルトは、危機に瀕した盟友イギリス首相W・チャーチルの矢のような催促によりこの大戦への強い参戦意欲を持っていた。

しかしながらアメリカ国民のほとんどは参戦反対、しかも一九四〇年一一月、彼がアメリカ大統領史上異例の三選を果たした際、「絶対に参戦することはない」旨を公約していた。

彼の戦略方針は、日米交渉で日本をじらし最後に暴発させる。そうすればドイツ、イタリアは「日独伊三国同盟」の自動参戦条項によりアメリカに宣戦、アメリカは大手を振って大戦へ参戦できるというものであった。

山本大将戦略を誤る
（真珠湾攻撃の失敗）

真珠湾攻撃

- ✹山本大将の発案
- ✹職を賭して実行

その意図…
- ▼日本はアメリカに勝てない
- ▼やるなら短期決戦

（真珠湾奇襲攻撃）

狙い
- ▼米太平洋艦隊撃滅
- ▼米国民の士気沮喪
  ↓
- ▼早期講和

結果

戦略上　大失敗

（最後通牒のおくれ）

許すべからざる卑劣な攻撃

リメンバー・パールハーバー
- ✹米国民立ち上がる
- ✹米国WWⅡ参戦

山本大将の狙いとまったく逆

戦術的　大成功

クラウゼヴィッツ

戦略と戦術は相異なる活動

その原因

戦略と戦術の混交
（まったく分かっていない）

そしてまさにこの策略は図に当たったのである。

山本大将は、この真珠湾攻撃にあたって、その攻撃開始前に最後通牒をアメリカ政府に手交するよう強く求めていた。

しかしながら駐米大使館員の怠慢（転出者の送別会に出席）により、その暗号電報の翻訳が大幅におくれ、野村吉三郎《のむらきちさぶろう》大使がハル国務長官に手交したときは、攻撃後一時間を経過しており、これにより日本は国際法上許すべからざる背信国家とされてしまったのである。アメリカきっての戦争史研究家S・E・モリソン博士は、この背信的攻撃がアメリカ国民をして全力をあげて対日戦争に突入させることを確実にし、また一九四一年一二月七日の「不名誉な日」を償うには、全面勝利を得る以外に彼らを満足させることがないように結集させたことから「この攻撃は最低の戦略であった！」と酷評している。

いずれにせよ、戦術上の大成功が戦略上の大失敗となった典型的な例で、クラウゼヴィッツのいう戦略、戦術は相異なるものであるとの説を裏付けたものともいえよう。

2 兵術は戦略、戦術、ロジスティクスの三位一体である

- **戦略、戦術と不可分の関係にある戦闘力の維持について考察する必要がある。**
- **戦闘力の維持は、その性質上次の二つに区分される。**
  - 一面において闘争それ自体に属し、他面において戦闘力の維持に役立つもの
  - 純然たる戦闘力の維持の用をなし、唯一その結果が闘争にある種の影響を与えるもの

近代兵学では、前述の戦略、戦術に加え**ロジスティクス**（後方支援、兵站ともいう）の三者をもって兵術を構成するというのが定説である。この項でクラウゼヴィッツが「戦闘力の維持」と述べているのは、このロジスティクスのことである。

この時代、彼がこの三者を明確に区分して取り上げ、そして、このロジスティクスを直接戦闘に寄与する狭義のものと、間接的にこれを管理支援する広義のものとにさらに区分している

ロジスティクス
兵術用語で、後方支援、兵站などと訳される。広義では、物資補給から医療、造修、教育まで管理関係すべてを含む。狭義ではいわゆる「物流」。「戦略」「戦術」そして「ロジスティクス」の三者をもって「兵術」を構成する。ビジネス用語として定着。

のには驚かされる。

ちなみにこれを現代風にいうならば、

▼狭義のロジスティクス……燃料、弾薬、糧食等の輸送／補給、陣地、飛行場の構築等

▼広義のロジスティクス……人員の補充、教育訓練、医療、艦船・航空機の造修、武器、弾薬その他の生産等々の管理支援全般

ということになろう。

世界軍隊史の中で、最もこのロジスティクスに無関心（無視）だったのは日本陸、海軍ではなかろうか？

旧陸軍での「**輜重輸卒**《しちょうゆそつ》が兵隊ならば、蝶々蜻蛉《ちょうちょうとんぼ》も鳥のうち」との戯《ざ》れ歌がこの辺をよく物語っている。なお、海軍では輜重輸卒が経理補給になる。

ロジスティクス無視が招いたガダルカナル島の悲劇

このロジスティクス軽視がモロに出て、戦死者に等しい餓死者を出して完敗、国運を傾けた悲惨な戦いがあった。ガダルカナル島（ガ島）の争奪戦である。

ガ島は、オーストラリアの北方に伸びるソロモン群島南端にあるちょうど栃木県くらいの密林に覆われた島である。

日本本土から約五〇〇〇キロ、南方の最前線ラバウルからでも約一〇〇〇キロもあるこの島をめぐって、何故国運を賭けた戦いが行なわれたのであろうか？

輜重輸卒

戦場において軍需品の輸送に携わる兵士をいう。現代風にいうならば物流関係者。後方支援＝兵站＝ロジスティクスの重要性に無関心の日本の軍隊にあっては、その存在は最も軽視され、並の兵隊扱いをされなかった。

日本海軍は、遠からず連合軍の反攻はオーストラリアを根拠地として始まると判断し、米―濠交通路遮断のフィジー、サモア攻略の「FS作戦」を計画し、その前進基地としてガ島に航空基地の建設を行なっていた。

そしてその飛行場が完成し、戦闘機隊が進出しようとした前日の八月七日、有力な空母機動部隊に支援されたアメリカ水陸両用戦部隊はガ島を強襲、第一海兵師団一万を揚陸した。連合軍の本格的反攻「望楼作戦（OPERATION WATCH TOWER）」の始まりである。ところが、日本側統帥部／大本営はこれを単なる威力偵察と誤判断し、後手後手にまわる作戦を繰り返すことになった。

まず、トラック島で帰国準備の一木支隊をこれに当てたが、その先遣隊九〇〇は支隊長一木大佐もろともあっさり全滅。

十分な重砲、戦車を持つ最精鋭の海兵隊一万に対し、悪名高い三八式《さんぱちしき》歩兵銃（明治三八年制定）しか持たない九〇〇で挑戦したので勝つはずはない。

続く川口支隊による攻撃も軽く一蹴され、支隊長川口少将は戦意不足で解任される始末であった。

一〇月二三日それではと、海軍の主力部隊と呼応して精強をもって鳴る仙台の第二師団による攻撃を行なったが完敗。

圧倒的な米軍の火力の前には、日露戦争式の白兵、銃剣突撃ではどうにもならないのである。そこでさらに第三八師団を増派し、所要の重砲、弾薬をそろえ、正攻法で押そうとしたが、問題はロジスティクスであった。

ガ島は、最も近い基地ラバウルから約一〇〇〇キロ。長い航続力を誇るゼロ戦（零式艦上戦闘機）でも、ガ島上空での空戦時間は一〇分間足らずである。また数度の海戦の結果、海軍側の損害も甚大である。

こうして制空権、制海権を失った日本側には、もはや船団による大規模な輸送は不可能だった。そこでガ島に対する輸送は、駆逐艦による「ネズミ輸送」、潜水艦による「モグラ輸送」に細々と頼ることになった。

しかしこのネズミ輸送、モグラ輸送では武器弾薬はおろか三万を超える大部隊の日々の食糧にも事欠く始末となった。

敵と戦う前に飢餓で倒れていった日本兵

こうして「ガ島」＝「餓島」となり、日本軍の兵士たちは、アメリカ軍と戦う前に飢餓で次々と倒れ、生き残った者も栄養失調のため幽鬼のようになってさまよう惨状となってしまった。

ここにおいてさすがの大本営も、このガ島奪回作戦を断念。前後三回、駆逐艦延べ六〇隻による夜間救出作戦を行ない、ついにガ島を放棄したのであった。

この六カ月間での日本側の損害は、次のようなものであった。

（陸軍）

▼戦死……一万四五五〇人（多くの餓死者を含む）

▼戦病死……四三〇〇人
▼行方不明……二三五〇人
▼生存者救出……一万三〇五〇人
（海軍）
▼艦船沈没……空母一、戦艦二を含む二四隻
▼航空機喪失……八九三機
▼搭乗員戦死……二三六七人

以後ソロモン方面では勢いに乗って北上する連合軍と、これを阻止しようとする日本陸、海軍の死闘が約一年続き、日本側の完敗に終わる。この一年半における戦いの損害は、海軍だけでも、

▼艦船沈没……艦艇：空母一、戦艦二を含む七〇隻
船舶：一一五隻
▼航空機喪失……七〇九六機
▼搭乗員戦死……七一八六人

ロジスティクス的観念のまったくない日本海軍が、自己の攻勢終末点をはるかに越えて起こしたこの戦いにより、まったく不得手であり、絶対にやるべきでない大消耗戦に引きずり込まれ、クラウゼヴィッツのいう「戦闘力の維持」の限界を超えてしまった大悲劇であった。

戦闘力の維持
（後方支援／ロジスティクス）

戦闘力の維持

戦略、戦術と不可分

↓

戦闘力の維持の性質

（戦闘に）

間接的に管理支援　｜　直接寄与

（現代風に）

広義のロジスティクス

- 人員補充　✹医　療
- 教育訓練　✹造　修　等々

狭義のロジスティクス

- 燃料、武器、弾薬等の輸送
- 陣地、飛行場の構築　等々

↓

日本陸海軍

- 無関心
- 無視／軽視

↓

大きな敗因の一つ

餓島の悲劇
（ガダルカナル島争奪戦）

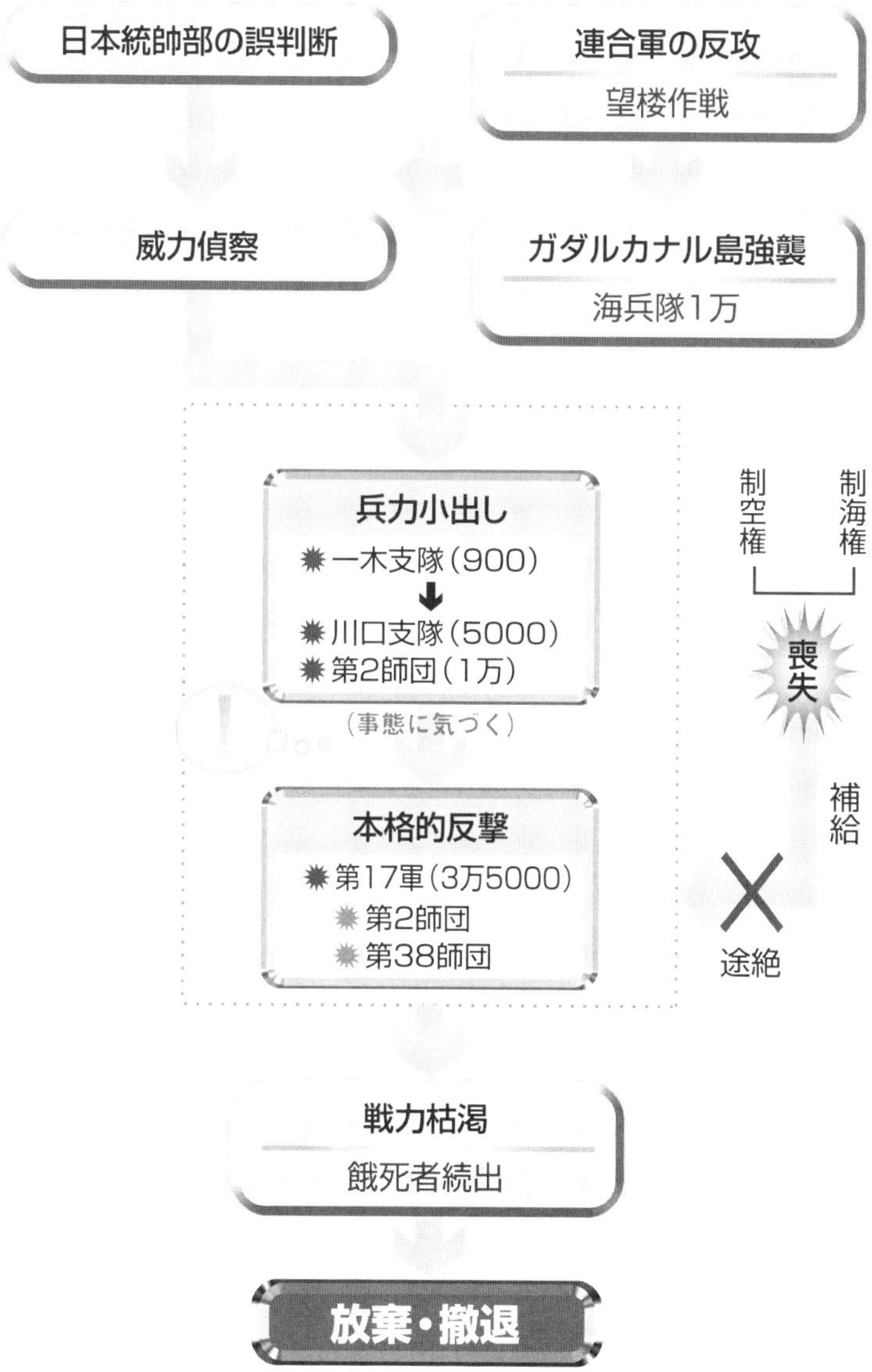

3 戦術と戦略の段階に区分して考える

- 理論は目的と手段との性質を考察する。
- 戦術における手段は、闘争を遂行すべき既成の戦闘力である。
- 戦術における目的は勝利である。
- 戦略にとって手段とは勝利すなわち戦術上の成功である。
- 戦略にとって目的とは、直接講和をもたらす状況を作り出すことである。
- 戦略はその考察の対象である目的や手段を必ず経験から採用する。

私たちは、戦争、ビジネスの社会からはては日常生活における諸行動まで、その目的と手段を混交しがちな面がある。

クラウゼヴィッツは、戦争においてこの手段と目的の性質を明確に区分し、その混交を戒めている。彼は、この手段と目的を戦術段階と戦略段階に区分して考えている。

いいまわしがくどく難解なので、彼のいわんとするところを整理し、まとめてみると、戦略上の最終目的を達成するためには、そのための手段／プロセスとして各種の戦術上の成功、この場合勝利を積み重ねてゆく必要があるというものである。彼は、目標という言葉を使っていないが、ここでいう戦略目的から見た手段である戦術上の目的は、通常私たちがいう目標と解してよいであろう。

また、戦略上、目的と手段を考えるにあたっては、理論倒れにならないよう、必ず戦史をつぶさに研究し、その経験から学ぶべきとした。

いずれにせよ、「手段と目的」「戦術と戦略」の明確な区分および混交の防止は、マネジメント上の最重要事項であることを銘記する必要がある。

戦略、戦術ともに欠けていた日本海軍

かつて日本海軍は国民の憧れの的であった。

少年たちに、大きくなったら何になりたいかと聞くと、その多くが「連合艦隊司令長官になりたい」と答えたのだった。

数量的には英、米に続いて世界第三位、**日本海海戦**以来の伝統となった「月月火水木金金」の猛訓練で鍛え上げた実力は天下無敵とされ、「無敵海軍」の名をほしいままにしていた。

ところが、開戦冒頭の真珠湾攻撃では奇跡的な大成功を収めたものの、当然勝つはずだった「ミッドウェー海戦」で完敗。

日本海海戦

1905年５月27日から翌日にかけて、対馬沖で東郷平八郎大将（のち元帥）率いる連合艦隊が、遠来のロシア・バルチック艦隊をパーフェクトに撃破した大海戦。この結果、日露戦争は終結する。東郷元帥は、のちに世界３大提督の１人となる。

次いでガダルカナル島争奪戦に始まるソロモン諸島攻防戦で最も不得手な消耗戦に引きずり込まれ、戦力を消耗し尽くしてしまう。

そして以後は、ニミッツ大将（のち元帥）の中部太平洋方面の、そしてマッカーサー大将（のち元帥）の南太平洋方面からの同時反攻を受け、ギルバート諸島、マーシャル群島の失陥、最大の根拠地であるトラック島、パラオ諸島の無力化、「マリアナ沖海戦」の敗北によるマリアナ諸島の失陥等、なすすべもなく源平合戦《げんぺいがっせん》における落ちゆく平家のように敗退を重ねてゆく。

一体その要因は何だったのだろうか？

ズバリいって「日本海軍に戦略・戦術がなかった」ということである。

この原因は「日本海海戦」までさかのぼる。

一九〇五年五月二七日、東郷平八郎《とうごうへいはちろう》大将（のち元帥）率いる連合艦隊が、遠来の敵ロジェストウェンスキー中将率いるバルチック艦隊をパーフェクトに破ったこの海戦の結果により、実質的に日露戦争は日本側の勝利となって幕を閉じた。そこに日本海軍の悲劇が始まったのである。

目的と手段を取り違えた日本海軍の兵術思想

海軍戦略において海軍が存立する目的は、「**制海の獲得**」にある。

この制海という目的を達成するためには、敵艦隊の撃破をはじめとし、封鎖、補給路の遮断等々多くの手段がある。

制海

海軍力によって必要な海洋を支配し、自分はこれを自由に使い、相手には使わせないことをいう。制海権と同義語。海軍戦略において、海軍が存立する目的は、この制海の獲得にある。英語では、SEA CONTROL。

ところが日本海軍は、日本海海戦であまりにも鮮やかなパーフェクト勝ちを収め、それが（一局地戦争にすぎない）日露戦争終結の最大の要因となったため、手段の一つにすぎない敵艦隊の撃破である艦隊決戦を究極の目的と取り違えてしまったのである。

それ以来、一貫した日本海軍の兵術思想は、今や一転して仮想敵国となったアメリカの太平洋艦隊を、中部太平洋マリアナ諸島付近で迎え討つ大艦巨砲による邀撃作戦《ようげきさくせん》、すなわち艦隊決戦であった。

この作戦では、連合艦隊司令長官の坐乗する旗艦に続く各艦隊、各戦隊は、長官の命ずるがままの艦隊運動を行ない、ひたすら夜間魚雷攻撃、大口径の主砲による砲撃戦を行なう。

ごく短絡的にいえば、このように手段を目的と取り違え艦隊決戦至上主義に取りつかれた日本海軍には、もはや戦略も戦術も必要なかったのである。

そこにあるものは、術科《じゅつか》といって砲戦運動や魚雷攻撃の襲撃運動等のいわゆる艦隊運動をいかにうまくやるか、どうすれば大砲、魚雷の命中率を向上させられるかなど戦闘技術の向上のみであった。

しかも、短期決戦思想なので、ロジスティクスという観念が皆無である。

したがってクラウゼヴィッツが提唱し、現代兵学／兵術上の通念である戦略、戦術そしてロジスティクスの観念がほとんどなかったのである。

これではプラグマチズム（実用主義）に徹し、強大な武力のもと、情勢に応じた千変万化、複雑多岐にわたる戦略、戦術、戦法を取るアメリカ海軍にまったく太刀打ちできなかったのは、当然の帰結であったといえよう。

ところでそのアメリカ海軍では、この目的と手段とについて、どのように考え、そして実践していたのであろうか？

米海軍では、この目的については常に「何のために作戦するのか」ということを念頭に厳格な「目標管理」を行なっていた。

上級指揮官の追求する任務／目標を自己の追求する目的として、それに向かって作戦するという「目標系列」体制が確立していたのである。

これを図式で示すと「（与えられた）使命《MISSION》＝目的《OBJECT》（○○のために）＋任務《TASK》（△△する）」＝「上級指揮官の任務（目標）達成に寄与するため＋△△に任ずる」ということが厳しく要求されていたのである。

クラウゼヴィッツのいう「究極の戦略目標を達成するには、その手段である戦術上の目的達成を積み重ねる」という戦略と戦術、目的と手段を明確にした考えとまったく軌を一《いっ》にした考えと思う。

日本海軍に戦略なし

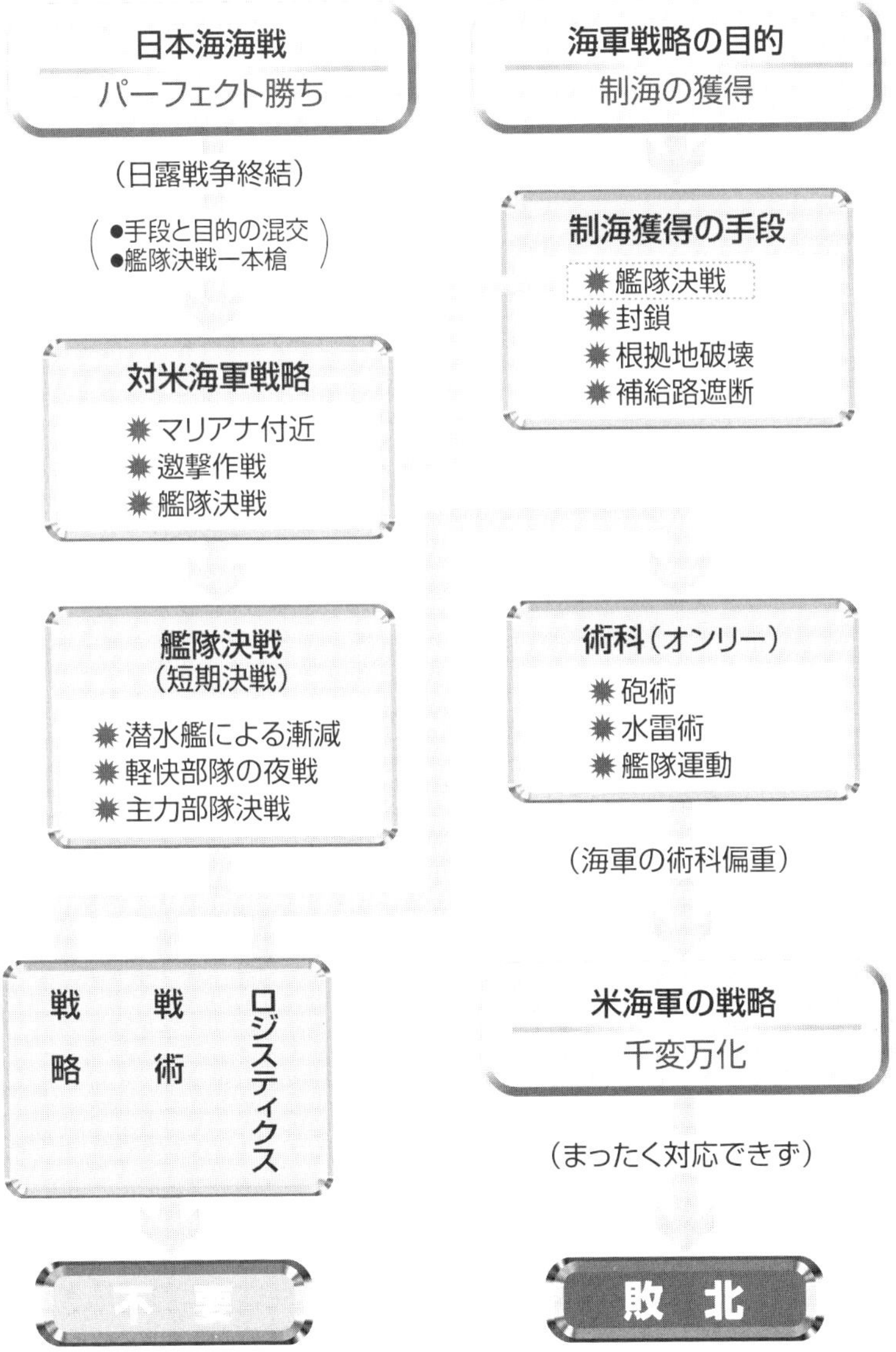
日本海海戦
パーフェクト勝ち
（日露戦争終結）
●手段と目的の混交
●艦隊決戦一本槍
対米海軍戦略
マリアナ付近
邀撃作戦
艦隊決戦
艦隊決戦
（短期決戦）
潜水艦による漸減
軽快部隊の夜戦
主力部隊決戦
戦略
戦術
ロジスティクス
不要
海軍戦略の目的
制海の獲得
制海獲得の手段
艦隊決戦
封鎖
根拠地破壊
補給路遮断
術科（オンリー）
砲術
水雷術
艦隊運動
（海軍の術科偏重）
米海軍の戦略
千変万化
（まったく対応できず）
敗北

4 将帥に必要な知識は単純であるが、その実践は難しい

- 名将たる修業に多くの歳月はいらず、また将帥は学者である必要はない。
- かつて人々は知識の効用を否定し、一切を天賦の才能とした。
- 戦争の知識は単純であるが、その習得は必ずしも容易ではない。
- 知識は能力とならねばならない。

この項もまとめるのがなかなか難しいので、私なりに大胆に整理してみた。要は、名将を育て上げるためには、長い時間をかけた教育が必要かどうかという問題である。クラウゼヴィッツは、その必要はないといい切っている。

その理由は、あまりにも詳しく戦争理論にはまり込み、多くの知識を身につけすぎると、どうしても戦争という実践の場においては、理論と実践の乖離《かいり》が大きくなってその違いを説明できなくなる。

その結果、作戦遂行の才能は天賦の才能であって、学習により習得できるものではないとの間違った考えが定説となってしまった。

戦争には、理論にもとづく知識は必要である。しかしながら枝葉末節、末端に至るものはいらない。

必要なものは、政治をはじめとする自分を取りまく情勢に対する的確な判断、部下の実情把握、そして部隊運用等単純なもので十分である。しかしながら必要とする知識は単純であるが、これを実践するのは難しい。

実践の場において、直面する情勢を的確に判断し、適切な処置を行うには、それらの知識が自分の個性と一体化した能力となるべきである。

したがって、将帥の育成には長い時間をかけた理論的教育による知識の習得は不要というものである。

となると各国軍隊における各軍の士官学校による幹部の育成、さらにその中からのエリートを育成する陸、海、空軍大学の存在とは？　ということになろう。

陸軍大学校卒のエリート達の実力とは？

戦前、日本の陸、海軍とも高級指揮官、上級幕僚の養成機関として、**陸軍大学校**、海軍大学校を持っていた。

陸軍士官学校、海軍兵学校卒業の正規将校の中から選ばれたごく一部の者が、将来の陸、海

陸軍大学校
日本陸軍のエリート養成機関。東京都青山にあった。陸軍士官学校出身者から特に選ばれた少数の中尉後期の将校が、将来の高級指揮官、上級幕僚を目指し、３年間徹底的な英才教育を受けた。陸軍では、これの卒業者でなくては重要ポストにはつけなかった。

軍を背負う者としてのエリート教育を受けたのである。同校卒業者に対する処遇については、海軍はさほど特別扱いはしなかったが、陸軍にあっては雲泥の差があった。

さて、陸軍大学校卒業者は、「参謀官」としてその人事は陸軍大臣から参謀総長に移り、隊付将校と呼ばれるその他の将校とは別格の大きな権威を持っていた。

徹底した理論教育を受けた彼等は、若くして方面軍や軍など大部隊の司令部に作戦参謀として派遣され、その高度の戦術的能力等有能さと参謀本部を背後に持つ権威によって、軍司令官（中将）や師団長（中将）を存分に指導して作戦にあたったのである。

それでは、彼等の真の実力とはどんなものだったのだろうか？

その事例として、日本陸軍がその歴史上初の惨憺《さんたん》たる敗北を喫した「ガダルカナル島争奪戦」に舞台を移してみよう。

一九四二年八月七日、連合軍の本格的反攻の手始めであるアメリカ第一海兵師団の同島強襲上陸に際し、日本統帥部はこれを飛行場破壊の威力偵察と誤認し、兵法上最も忌むべき兵力小出しの見本のような愚劣な作戦を繰り返すことになる。

八月一九日の一木支隊九〇〇の攻撃はあっという間に全滅、続く九月一日川口支隊五〇〇〇の攻撃もあっさりと返り討ちとなる。

ここにおいて、ようやく事態の重大さを知った統帥部／大本営陸軍部は、精強をもって鳴る仙台の第二師団を、現地軍である第一七軍に編入してガダルカナルへ派遣、所要の重砲弾薬をそろえての正攻法で一気に米軍を撃破する作戦を立てた。

準備した重砲は一五センチ榴弾砲二四門をはじめ八〇門、弾薬二万発、この砲兵団を率いるのは、陸軍砲術の第一人者住吉少将である。

また、この大反撃にあたって第一七軍の司令部を強化し、その作戦指導能力の著しい強化を図った。三人しかいなかった参謀陣は、日本陸軍切っての兵学の権威といわれる宮崎周一少将を参謀長としたのをはじめとして一一名に、それに大本営から切れ者で知られる辻政信中佐以下三名が派遣されるという気の入れようであった。

この作戦は、一〇月二三日を期し、第三艦隊司令長官南雲中将の率いる機動部隊と相呼応して発動する予定であった。

ところが、ここで大きな齟齬《そご》が起こった。

この第二師団および砲兵団の主力は「ガ島突入船団」と呼ばれる高速輸送船六隻でガダルカナル沖に到着したが、夜明けと同時に米軍機の大空襲を受け、人員こそ上陸していたが、重砲、弾薬、食料のほとんどを失ってしまった。

失敗から学ぶことのなかった参謀陣

これでは計画どおりの正面切っての会戦はできない。そこで第一七軍司令部が取った戦法は、前二回と同じ奇襲による銃剣突撃戦法である。奪取した飛行場を基地とした航空部隊の制空権のもと堅固な陣地による米海兵隊二万が十分な戦車、重砲を擁して待ち受ける中、三八式歩兵銃とこれに装着した銃剣のみで立ち向かおうというのだから、前回の失敗をまったく学習していないのである。

ところが、俊秀をもって自任する参謀陣はまったくこれらの状況を意に介さなかった。

このことは、総攻撃の前日、これを指導する第一七軍司令官百武晴吉《ひゃくたけはるよし》中将が大本営陸軍部へ打電した次の報告電報がそのあたりを如実に物語っている。

「殲滅戦《せんめつせん》前日の感慨は無量なり。明二三日にはガ島攻略は完了する見込みにして、それより約五日後、軍の直轄部隊の大部分は、ただちにツラギ、レンネル、サンクリストバルに転進してこれを占領する予定なり……」というハッタリに満ちたものであった。

そしておまけに、敵将バンデクリフト海兵少将の降伏式の段取りまで指示したのである。

そしてこの総攻撃が、全滅に近い敗北に終ると、参謀総長杉山元《すぎやまはじめ》大将（のち元帥）は百武第一七軍司令官に対し「……諸情報を総合するに、ガ島の敵は孤立包囲せられ、極めて窮地《きゅうち》に沈黙しあるもののごとし、まさに連続力行、一挙撃滅の好機なり……」との激励電を送っている。

まったく状況（陸軍用語では実相）が分かっておらず、まさに孫子の名言「彼を知らず　己を知らざれば　戦う毎《ごと》に必ず殆《あや》うし」の世界である。

しかしながら負けは負けである。

以後陸軍は、第一七軍の下に旭川の第三八師団を編入するとともに、その上に名将**今村 均**《いまむらひとし》中将（のち大将）を司令官とする第八方面軍を新設し、鋭意その奪回に努めた。

しかしながら、制海権、制空権の喪失により補給の途絶、戦力の枯渇により、ついにはガダ

今村均

太平洋戦争で日本陸軍が生んだ数少ない名将の一人。開戦と共に第16軍司令官として蘭印（インドネシア）を占領、善政を敷く。第８方面軍司令官として南東方面を指揮、ラバウルに籠城して終戦を迎える。自ら望んで部下戦犯と共に刑に服した。陸軍大将。

陸軍大学校の功罪

陸軍大学校
陸軍の英才教育

（優秀な参謀官）

参謀勤務
- 参謀本部
- 上級司令部

はたして有能か…
（実践の場で）

検　証
ガダルカナル島争奪戦

一木支隊、川口支隊
奪回失敗

（本格的反撃）

正攻法による総攻撃

指導：第17軍
- 参謀：大本営3名
  軍司令部11名
- 部隊：第2師団
- 重砲：80門

（●輸送船団全滅
●重砲・弾薬海没）

正攻法→銃剣突撃

（壊滅的打撃）

補給の途絶

兵力増強
第38師団

戦力枯渇
餓死続出

放棄・撤退

（優秀な参謀が
大勢そろって何故？）

敗　因
- 観念論
- 現場の状況理解せず
- 近代戦への不適応

ルカナル島の放棄に至ったのは前述のとおりである。

陸軍大学校出身の陸軍よりすぐりの俊秀、英才である大本営派遣参謀三名、第一七軍参謀一一名の大参謀陣の演じたこのお粗末な作戦指導を考えると、本項の命題である「名将たる修業に多くの歳月を要しない……」との言葉に共感を覚えるのは筆者のみであろうか?

創造性から離れた観念的教育の限界であり、弊害であるといっても過言ではないと思う。

これとは反対に、独ソ戦の英雄であるソ連のジューコフ元帥、インド方面軍司令官として日本のビルマ方面軍を撃破し、同方面を日本軍から解放したイギリスのスリム元帥(子爵)は、一兵卒からたたき上げてきた実戦家であったことを参考に付記しておこう。

要は机上の学問と実践、平たくいえば知識と知恵の対比の問題であろう。

5 順法主義の弊害は形式の墨守から生まれる

- 順法主義とは、戦闘行動を一般的な原則や個人的な細則によらず、一つの方式によって規定することをいう。
- 地位が下級になるほど指揮官が急増するので、その行動を斉一にするため規制が必要となる。
- 適用の範囲は地位により定まるものではなく仕事の性質によるが、地位が高くなれば活動の対象が広大となり、方式に依存する度合は少なくなる。
- 順法主義の弊害は、形式の墨守からくる精神の貧困化である。

戦争における戦闘行動を部隊、指揮官任せにすれば、その行動はバラバラになり収拾がつかなくなってしまう恐れが多分にある。これを防ぐため、ある一定のルール／方式／方法を定め行動を規制するやり方をクラウゼヴィッツは、順法主義と称したのである。

この場合の問題点は、順法主義適用の範囲、いいかえれば地位の上下によってどう変わってくるかということである。

クラウゼヴィッツは、指揮官の数は地位が下がるにつれ急激に増大するので、これら下級指揮官の一人一人の洞察力と判断の自由を規制する必要があるとし、これに反して地位が上級になればなるほどこの適用は少なくなり、最高の地位に至ってはその適用はまったくなくなってしまうとしたのである。

要は、地位の上下と裁量の範囲の問題である。

もうひとつの問題は形式の墨守である。ある必要性から、特定の方式を規定してもそれが久しく時を経て、周囲の状況がまったく変化しているのにこれを顧みず、その実行を強制することやこれに固執して状況の変化にまったく対応できないことである。

クラウゼヴィッツは、戦史上の事例をあげ、いかに順法主義が精神上の決定的貧困化をもたらすかということを大きく警告している。

「進歩的」な海軍にも頑迷な順法主義が浸透していた

さて、日本陸、海軍における順法主義の弊害について考えてみよう。陸、海軍における順法主義の典型的な規定は、陸軍では「作戦要務令」「**歩兵操典**《ほへいそうてん》」、海軍では「海戦要務令」ということになろう。

日本陸軍は、この明治四二年（一九〇九年）制定の歩兵操典の呪縛《じゅばく》から逃れることができなかった。列国陸軍の機甲化、機械化、重火力化に背を向けて近代化を怠り、太平洋戦争におい

歩兵操典
明治42年制定。日本陸軍の戦闘遂行上の最高規範。歩兵を軍の主兵とし、銃剣突撃による白兵主義を定めた。世界の軍事情勢の推移にまったく対応せず、太平洋戦争においても日本陸軍はこの呪縛から逃れられず、近代的装備を誇るアメリカ軍に対し、敗北を重ねた。

て高度に近代化されたアメリカ軍に対し銃剣突撃による白兵戦に固執し、いたずらに敗北を重ねていったのである。

それでは、陸軍に比べはるかに進歩的であったといわれる海軍はどうだったのだろうか？海軍にも、多分にそういうところがあった。

それでは、舞台を「比島沖海戦（レイテ沖海戦）」に移そう。同海戦の去就は、マッカーサー軍を目の前にしての栗田艦隊の謎の反転で定まったが、その大きな要因の一つに通信の混乱があった。

そして、この原因は、海軍の頑迷な順法主義にあったのである。

さて、有効な無線電話を持たない日本海軍は、遠距離通信はもちろん、部隊内の作戦通信にもモールス符号による無線電信を使っていた。

一つ一つの電報文に暗号をかけて発信し、受信電はこれを翻訳して所要の向きに届けるには、どんなに急いでも一時間や二時間はかかる。

アメリカ海軍が中、短波から超短波（ＶＨＦ）、極超短波（ＵＨＦ）の有効な無線電話で自由自在、リアルタイムに交信し、必要に応じ指揮官自らが送話機を握り、タイムリーな作戦指揮／指導を行なっていたのとは大きな違いである。

一般に艦隊の通信といっても、交信対象別、あるいは使用目的に応じた区分等々実に複雑多岐にわたる通信系によって成り立っている。

従って栗田中将率いる第二艦隊ともなれば、膨大な通信を行なわねばならず、その艦隊通信班には熟達した練度を持つ通信関係者と十分な通信設備を必要としていた。

このような観点から栗田中将は、この作戦における自分の旗艦を重巡洋艦「愛宕《あたご》」から通信設備の完備した超戦艦「大和」に変更したいと、連合艦隊司令長官に上申していた。

ちなみに、栗田中将は第二艦隊司令長官であるとともに、第四戦隊司令官として重巡「愛宕」「摩耶《まや》」「鳥海《ちょうかい》」そして「高尾《たかお》」の四隻を直率する兼務配置であった。

ところが、栗田長官たってのこの願いは、あっさりと却下されてしまった。その理由は、元来日本海軍の伝統である艦隊決戦は、軽快部隊の主力である重巡部隊の夜間突撃で始まることになっている。したがって、第四戦隊司令官として重巡部隊を直率する第二艦隊司令長官は、その旗艦「愛宕」に坐乗して先頭に立つべきであるという、愚にもつかぬ形式論からくる理屈である。

官僚化による弊害、ここに極まれり

多数の部隊が緊密に連携して作戦を立てることが求められ、その成否の大きなカギである通信にかかわるたっての願いを、前出の理由でにべなく断るこの硬直性、平時の官僚化した海軍の弊ここに極まれりである。

要するに、近代戦の様相がまったく分かっていないのである。相対《あいたい》するアメリカ海軍の艦隊司令長官（C in C Fleet）、任務部隊指揮官（CTF）、任務群指揮官（CTG）が、その時その時の作戦状況に応じ、固有編成にまったくとらわれず、自在に旗艦を変更して円滑な指揮を行っていたのに比べると大変な違いである。大体、重巡洋艦四隻を直接指揮しながら、この大艦隊を指揮できるものではない。

そしてブルネイ出撃の一九四四年一〇月二二日夜、パラワン水道を航行中、待ち受けていたアメリカ潜水艦二隻の攻撃により、先頭の旗艦「愛宕」がまず沈没、続く「高雄」大破、そして「摩耶」轟沈《ごうちん》という大惨事が起こった。

栗田中将とその司令部は、駆逐艦「岸波」に救助されたのち「大和」に移乗し、将旗を移揚した。

直属上官にすげなく拒否された「大和」への旗艦変更が、敵潜水艦の攻撃により実現されるとは、まことにもって皮肉なものである。

ところが問題はこれからであった。

第二艦隊司令部通信班は「愛宕」沈没の時、「岸波」に救助されはしたが、関係者のほとんどは、大破した「高雄」の護衛を命ぜられた「岸波」に乗ったままシンガポールに向かってしまった。

ということは、以後「大和」に乗艦している第一戦隊司令部そして「大和」の通信班で、第二艦隊全般の通信を処理しなければならなくなったということである。物理的にも、能力的にも無理な話である。

こうして、先の旗艦変更拒否のツケが、栗田司令部に重くのしかかってきたのである。

悪弊の見本となってしまった連合艦隊司令部

通信処理の混乱により、必要な電報の発信はおろか、受信電報の翻訳の遅れ、そのうちには電報受信さえできなくなった。

出撃に先立って所属の水上偵察機三二機を陸上基地に帰し、自らの捜索能力を失っていた栗田艦隊は、今度は通信の混乱によって情報交換能力を失ってしまった。

すなわち、敵、味方の状況がまったく分からない状態となり、まるで「座頭市」のような手《て》探《さぐ》りの進撃になってしまったのである。

最大の関心事である小澤機動部隊が果たして最強の敵ハルゼー部隊を北方に釣り上げることができたかどうか？

緊密に連携、呼応するはずの基地航空部隊は、再三の出動要請にもかかわらずまったく姿を見せず、また何の連絡もない。そして肝心のレイテ湾におけるマッカーサー軍の動静も、まったく分からない。

この通信の混乱による情報の途絶が、何がどうなっているか皆目分からず孤軍奮闘していた栗田中将に反転を決意させる要因となったことは否めない事実であった。

この観点から、愚にもつかぬ規定にこだわって栗田中将の旗艦変更要請を拒否し、結果的に通信の大混乱を招いた連合艦隊司令部の罪は大きい。

クラウゼヴィッツが戒めた、順法主義の悪弊の見本のような事件であった。

日本海軍の順法主義のツケ

旗艦「愛宕」沈没
大和へ変更

（第2艦隊司令部）

通信班　　長官・参謀

「岸波」　　「大和」

第2艦隊の通信
「大和」の通信班

能力的に困難・無理

通信混乱・情報途絶

戦況不明
何が何だか分からず

栗田艦隊謎の反転
大きな要因

（第2艦隊）

旗艦変更要請
「愛宕」→「大和」

（その理由）

レイテ突入作戦
- 多数部隊協同
- 戦域広大
- 複雑多岐な作戦
- 緊密な連携必要

↓
- 通信力の確保

通信施設の完備
「大和」最適

↕

（連合艦隊司令部）

旗艦変更不可

（その理由）

日本海軍の伝統
- 夜戦の占める部分大
- 第2艦隊長官は愛宕で先頭に立つべき

第3章

「戦略」とは
どのようなものか

1 目的から逸脱した無駄な努力はしない

- 自分の戦争の目的と手段を適合させることができ、そしてその行動に過不足のない努力を指向できる君主あるいは将帥は、そのことにより天才であることを証明している。
- しかし、このような天才の本来のはたらきは、人目をそばだてるような新発明の行動方式にあるのではなく、戦争の成功裏の終結にある。
- すなわち、戦争が彼の内心想定した計画どおり全体的に安定した調和のもと粛々《しゅくしゅく》と遂行され、これらの実情が戦争全体の成果によって初めて明らかになる。

クラウゼヴィッツは、その戦略の篇の冒頭において、戦略遂行にあたって精神面の重要性は、つまるところ将帥の双肩にかかっていることを述べている。

このうち、過不足のない努力とは、いい得て妙の言葉で、戦争目的をしっかり見定めてそれにそったベストの努力はするが、必要な努力や目的から逸脱した無駄な努力はしないということである。

日露戦争の開始直前、開戦前からすでに戦争収拾を考えていた伊藤博文首相が、アメリカのセオドア・ルーズベルト大統領と親交のある金子堅太郎子爵を派米し、同大統領にあらかじめ講和の仲介を依頼したのも、そのよい一例といえよう。

ところで、これらとまったく逆の方向を歩み、一国を破滅に導いた例がある。日本海軍である。

日本海軍は「短期決戦」を捨てられなかった

戦記文学の作家たちには、無条件に海軍を礼賛する人たちが多いが果たしてそうだろうか？日本海軍は、太平洋戦争に対し確たる戦争計画はおろか、戦争目的すら持っていなかった。海軍は、対米戦についてまったく勝算を持っていなかった。しかしながら海軍首脳の中で軍令部と海軍省では、それに対する対応がまったく違っていた。

軍令部総長永野修身《ながのおさみ》大将は、昭和天皇のご下問に対し「戦っても負け、戦わなくてもジリ貧で負け、それなら一《いち》か八《ばち》かで戦ってみれば、何かいい方法が見つかるかも……」と答え、天皇を驚かせている。海軍大臣及川古志郎大将にいたっては、日米開戦を最終的に確認する五相会議において「海軍は戦争はしたくない、しかしすでに御前会議で決定したことでもあり、いまさらできないとはいえない」とし「すべて近衛首相に一任する」と発言し、「海軍さえ反対といってくれたら……」との近衛首相以下のたっての願いを裏切っている。

ところが、開戦以後の海軍の行動がこれまたひどい。前にも述べたが、日本海軍の兵術思想は、中部太平洋を進撃してくる米太平洋艦隊をマリアナ海域で邀撃《ようげき》撃破する艦隊決戦を目標とする短期決戦であった。真珠湾攻撃で奇跡的な成功を収め、次いで行なった南方作戦でも大成功という破竹の勢いで第一段作戦を終えた海軍は、その勝利に浮かれ、自分の力をはるかに超えた身の程を知らぬ作戦を計画するようになった。

その一は「**MO作戦**」である。海軍は、占領した南方地域への反攻を押さえるため、初めはオーストラリア北部攻略作戦を考えていたが、陸軍からそんなところへまわす兵力はないとの反対を受ける。

そこで考え出したのが、濠北に面しているニューギニア島南岸の要地ポートモレスビー攻略の「MO作戦」であった。

その二は「FS作戦」である。軍事的合理性から見て、米軍主体の連合軍の反攻作戦は、オーストラリアから始まるのはまず間違いない。その場合、まず軍隊、航空機等の戦略資材をアメリカ本国から輸送しなければならない。この米－濠間の海上交通路を遮断するためオーストラリア東方にあるフィジー諸島、サモア諸島そしてニューカレドニア島を攻略しようという作戦である。

その三は「ハワイ攻略作戦」である。

南方作戦は極めて成功裏に終えたが、元来アメリカ海軍の対日進攻ルートである中部太平洋

MO作戦

連合軍の反攻拠点と目されるオーストラリア北部を制圧するため、対面するニューギニアの南岸の要地ポートモレスビーを攻略しようと海軍が計画した作戦。1942年５月の珊瑚海海戦の結果断念。

日本海軍に戦争目的なし

対米開戦

軍令部　　海軍省

いずれも自信なし

勝てないが一か八か
やるしかない

やりたくないが悪者
になりたくない

開戦

日本海軍の兵術思想

- マリアナでの邀撃作戦
- 短期決戦

第1段作戦の成功

- 真珠湾攻撃
- 南方作戦

（舞い上がる）

（身の程忘れた拡大）

ハワイ作戦
ハワイ攻略

FS作戦
フィジー・サモア攻略

MO作戦
ポートモレスビー攻略

MI作戦（ミッドウェー）

AL作戦（アリューシャン）

ガダルカナル戦

ソロモン群島戦

珊瑚《さんご》海海戦

ニューギニアの死闘

方面を放っておくと、日本の勢力圏の横腹に匕首《あいくち》を突きつけられた格好になる。

それならいっそのこと、アメリカ太平洋艦隊の根拠地ハワイを占領してしまえという乱暴な作戦である。このとんでもない作戦は、仰天した陸軍の反対により没《ぼつ》となる。

戦略・戦術・ロジスティクスの決定的な欠如

元来日本海軍は、前述のとおり艦隊決戦を主とした短期決戦海軍で、このような壮大な作戦を行なう戦略・戦術、兵力そして後方支援態勢を持っていなかった。

陸軍は海軍の夢のような作戦構想には反対しながらもしぶしぶ引きずられ、次第に収拾のつかないほどに戦域を拡大し、やがて陸海軍とも地獄の戦線となるのであった。

太平洋戦争完敗の大きな原因は、対米戦の主役である海軍が、開戦にあたって何の目的も戦略も持たず、ただ戦争のなりゆきにまかせて何の定見もなくいたずらに戦域を拡大してしまった無謀さにあったといえよう。

クラウゼヴィッツのいう「戦争の目的と手段の正確な適合」「過不足のない努力の指向」の観念がまったくなかったのである。

2 精神力は戦略において最も重要な要素である

- 戦略実行において精神力は軍事行動すべてに大きな影響を及ぼす。
- しかしながら、その考察は極めて困難であるので、その実証が必要である。
- 兵術の理論において物理的要素のみに依存し、精神的要素を無視することは許されない。
- 物理的要素は木製の柄《つか》、精神的要素は光り輝く白刃である。
- 精神的要素の価値の証明は戦史であり、将帥が戦史から学ぶ最も貴重な糧《かて》である。

クラウゼヴィッツの戦争論が、従来の兵学書と最も異なる点は、戦争における精神面の重要さ、就中《なかんずく》将帥の具備すべき精神的要素に言及したことにある。

彼は、戦略を組み立てる要素を「精神的要素」「物理的要素」「数学的要素」「地理的要素」そして「統計的要素」の五つとし、そのうち「精神的要素」を最重要なものとしたのである。

そして、軍隊における重要な精神力を、次の三つとしたのである。

▼将帥の才能
▼軍隊の武徳
▼軍隊における国民精神

「軍隊の武徳」とは、輝かしい伝統のもと十分な訓練を積んだ実力ある軍隊が、有能な指揮官の統率のもと、誇りと自信とそしてやる気に満ちあふれている精神的状態といってよいであろう。「軍隊における国民精神」とは、軍隊の構成員すべてが、国・軍隊に愛国心、帰属意識を持ち、その結果自己の職務、任務に強い使命感、忠誠心を持っていることであろう。

さて、この項ではこの三拍子《さんびょうし》そろった精神力によって大敵をパーフェクトに破り、国を救った戦いを紹介しよう。名将ネルソン提督の「トラファルガーの海戦」である。

愛国心に燃え、上下心をひとつにして戦ったイギリス海軍

一世の風雲児ナポレオンがフランス皇帝に即位し、**ナポレオン法典**の制定、フランス銀行の開設等々フランス国内の整備に専念していた一八〇五年、イギリスは突然フランスとの間に結んでいた「アミアンの和平条約」を破棄し、オーストリア、ロシア、プロシア、スウェーデンと語らって第三次対仏大同盟を結成し、公然とナポレオンに挑戦したのであった。

これに対しナポレオンは、反ナポレオンの黒幕であるイギリスを屈伏させるべく、対岸ブロ

ナポレオン法典
フランス皇帝ナポレオン１世が公布した民法典。フランス革命の「自由」「平等」「博愛」を基調としたもので、西欧の民主化、中南米諸国独立の理念、指針となった。日本国憲法を始めとする世界の法典の大部分は大なり小なりその影響を受けている。

ーニュに、陸軍一五万、舟艇三〇〇〇隻の対英征討軍を集めたが、悲しいかなドーバー海峡の制海権はイギリス海軍の手中にあった。

そこで彼は、艦隊司令長官ヴィルヌーブ提督に対し「二四時間でよいから、ドーバー海峡の制海権を確保せよ！」と厳命した。

こうして起こったのが、名将ネルソン提督がナポレオンの対英侵攻作戦を断念させ、英国を救った「トラファルガー沖の海戦」であった。

さて、一八〇五年一〇月二一日、ヴィルヌーブ率いるフランス、スペイン連合艦隊三三隻はスペイン南西部カディスを出撃、待ちかまえていたネルソン率いるイギリス艦隊二七隻とジブラルタル海峡、トラファルガー岬の沖合で決戦することになった。

戦闘開始にあたってネルソンは、旗艦**ヴィクトリー号**のメインマスト高く「英国は各員がそれぞれの義務を果たすことを期待する（ENGLAND EXPECTS THAT EVERYMAN WILL DO HIS DUTY)」との信号旗を掲げ、全軍の士気を奮い立たせた。

さて、風上側に占位したネルソンは、二七隻の艦隊を二分、その一隊を直率して敵艦隊の中央を突破するという破天荒な戦法をとった。そして艦列を分断されて支離滅裂となった敵に肉迫、正確な射撃を浴びせその二三隻を撃沈あるいは捕獲した上、敵主将ヴィルヌーブを捕虜にするというパーフェクトゲームを演じたのであった。

この勝因について若干考察してみよう。

イギリス海軍は、主将ネルソン以下一水兵に至るまで、猛訓練と実戦で鍛え上げられた勇敢

ヴィクトリー号

「トラファルガー沖の海戦」におけるネルソン提督の旗艦。ネルソンはこの艦上でこの海戦を指揮し、そして戦死した。イギリス海軍はその功績を後世まで残すため、同艦を今もイギリス海軍の軍艦として在籍させ、ポーツマス軍港に係留している。

な戦士たちであった。

また、ネルソン独自の卓越した戦法、指揮能力もさることながら、それにもまして見敵必殺の敢闘精神がある。

事実ネルソンは、出撃に際し戦隊司令官、艦長たち各級指揮官に対し「旗艦の信号旗による戦闘命令が見えない場合は、敵艦に横付けし、艦長以下強行斬り込みで戦え」と指示している。

これに対しフランス海軍は、革命時うまく立ち回って生き残った要領のよい指揮官と寄せ集めの水兵の組み合わせで、イギリス海軍から「カエル野郎」と馬鹿にされる始末。

スペイン海軍の上級指揮官は無能な貴族の名誉職で、実際の艦の運航、戦闘指揮は平民出身の下級指揮官が実質的に取り仕切っているありさまである。

これでは愛国心に燃え、上下心をひとつにして、敢闘精神に徹して戦うイギリス海軍に勝てるはずがなかった。

しかしながら、この輝かしい勝利とともに、ネルソン自身も戦いの途中敵狙撃兵の銃弾に倒れた。やがて勝利を告げる旗艦艦長ハーディ大佐に対し、まず不倫の恋人レディ・ハミルトンの行く末を国王に伝言してくれるよう託したのち「神に感謝す、余は自分の義務を果たした(I HAVE DONE MY DUTY)」との言葉を残して、その輝かしい四七歳の生涯を閉じた。

ネルソン／イギリス海軍の敢闘精神

フランス
ナポレオン

VS

第3次対仏大同盟
英・墺・露・普・瑞

（黒幕はイギリス）

対英征討作戦
制海権なし

（ヴィルヌーブ提督へ厳命）

ドーバー海峡の制海権確保
（たとえ24時間でも）

（トラファルガーの海戦）

イギリス海軍
▼ネルソンの敢闘精神、統帥能力抜群
▼部隊の精強さ抜群
▼愛国心強烈

VS

仏・西海軍
▼ヴィルヌーブ敢闘精神なし
▼指揮無能
▼寄せ集め
▼士気低迷
▼精強さなし

（士気の高揚）

ENGLAND EXPECT THAT EVERY MAN WILL DO HIS DUTY

ネルソンの中央突破戦術＋見敵必殺の敢闘精神

イギリス艦隊パーフェクト勝ち

（ネルソン重傷）

I HAVE DONE MY DUTY

ネルソン死す

3 兵力の優勢は決定的な要因となる

- 兵力の優勢は、戦術、戦略上勝利獲得の最も普遍的な原理である。
- 観念的に戦闘を考えれば、勝敗を決するのは兵力の多寡といえる。
- 現実には、その他多くの要因が働くので、兵力の優勢は勝利をもたらす要因の一つにすぎない。
- しかし、兵力の優勢が次第に増大すれば、ついには他の要因を圧倒し、決定的な要因となる。
- 結論として、兵力の優勢が戦闘の結果をもたらす最も重要な要因である。

戦闘の勝敗をきめる要因はたくさんあり、この項の主題である「兵力の優勢」はその中の一つにすぎないが、不可欠のONE OF THEMであり、最終的には決定的な要因となる。

各国軍隊の、武装、編成、練度等がほぼ同等となった今、いかなる名将といえども二倍以上の敵を相手に勝利を得ることは難しくなった。したがって兵力の優勢は勝利獲得の不可欠の条件である。

しかしながら、将帥が運用できる兵力には限りがある。

その限られた兵力で、いかにして敵に対し優勢を獲得するかという難しい問題に遭遇するのである。

その解答は、全体の兵力の多寡にかかわらず、「ある特定の時間、場所に兵力を集中し」その場面で兵力の優勢を得るというものである。こういった事例は、戦史上結構たくさんあり、その中でも有名なのが、テーベの名将エパミノンダスが、五〇〇〇の寡兵で一万のスパルタ軍を斜線陣戦術で破った「レウクトラの戦い」。

カルタゴの名将ハンニバルが、寡兵四万をもってその得意とする両翼包囲戦術で大敵ローマ軍九万を完全に撃滅した「カンネーの殲滅戦《せんめつせん》」等も好例である。

今回は、兵力寡少の中にあって、戦略的な兵力集中によって一挙に大戦争の去就《きょしゅう》を決めようとした幻の名作戦「シュリーフェン作戦」について考えてみよう。

実現されなかった幻の名作戦「シュリーフェン作戦計画」

一八九一年、ドイツ帝国陸軍参謀総長に就任した伯爵アルフレッド・シュリーフェン元帥の最大の課題は、ドイツに比べて兵力がはるかに優勢なフランス、ロシアという二大陸軍国を相

シュリーフェン元帥

ドイツ陸軍参謀総長（1891～1906年）。対仏・露２正面作戦の問題解決を終生の課題とした。日露戦争の諸会戦の教訓から「正面攻撃は労多くして功少ない」ことを悟り、片翼包囲の名作戦計画「シュリーフェン・プラン」を策定した。1913年没。

手に二正面作戦を行い、勝利を獲得するにはどうすればよいかということであった。

シュリーフェンがつけ入る相手方の欠陥がひとつだけあった。それはロシア帝国の伝統的な動員の遅れであった。彼はこの動員の遅れを奇貨とし、ドイツ軍の全力をあげてまずフランス軍主力を撃破し、鉾《ほこ》を東に転じてロシア軍に当たるという各個撃破の作戦計画の策定に没頭するのであった。

「兵力の優勢」を主眼とした作戦計画

その計画は、全ドイツ軍八個軍中七個軍四〇個軍団を西部戦線に投入し、しかもその大部分をベルギー国境に集中する。

開戦と同時にアルザス・ロレーヌ地方を軸に、北方の主力は中立国ベルギーを通過して大きく左旋回し、パリを後方から包囲してフランス軍を一気にスイス国境へ圧迫して殲滅したのち鉾を返して東部戦線に向かいロシアへ当たるというものであった。

これは、日露戦争の諸会戦の戦訓から、正面攻撃の労多くして功少ない愚を知った彼が、テーベの名将エパミノンダスの斜線陣戦術、カルタゴの名将ハンニバルの不朽の名包囲作戦「カンネーの殲滅戦」の両翼包囲戦術に範を取り、その長所を組み合わせ、これを戦略的に発展させた片翼包囲の名作戦計画であった。

この作戦計画をドイツ勝利の鍵と考え、またそれをライフワークとしたシュリーフェンは、常にこの計画の改善、すなわち右翼の強化策に腐心していた。

一九一三年、病を得た彼は、その死にあたって愛弟子の参謀将校たちに「右翼をさらに強化せよ！」といい残してその生涯を終えた。

ところが、彼のあとを継いだ第一次世界大戦開戦時の参謀総長モルトケ（普仏戦争の名将モルトケの甥、小モルトケ）は、この乾坤一擲《けんこんいってき》の作戦の実施に二の足を踏み、この計画を大幅に変更して対仏、露の二正面作戦とし、しかも西部戦線での戦場をフランス軍の正面、アルザス・ロレーヌ地方に求めるという愚を犯してしまった。

このため、一九一四年八月東部戦線では「タンネンブルクの殲滅戦」等で優勢に立ったものの、肝心な西部戦線では同年九月「マルヌの会戦」で敗れまったくの膠着状態となり、ついには敗戦を迎える。

ちなみに、第二次世界大戦において、ドイツ国防軍は、対仏作戦である「**西方作戦**」で名将マンシュタイン中将（のち元帥）が考案、ヒトラーが採用したまったく同様の作戦でフランス陸軍主力とイギリス大陸派遣軍をあっという間に撃破、わずか一五日間でフランスを下している。

西方作戦

ドイツ国防軍がフランス陸軍とイギリス大陸派遣軍を一気に撃破、フランスを降伏に追い込んだ名作戦。ドイツ軍中央であるA軍集団に集中配属されていた機甲部隊（７個師団）をもってベルギー南部アルデンヌの森を突破、連合軍をダンケルクに追い落とした。

幻の名作戦
（シュリーフェン・プラン）

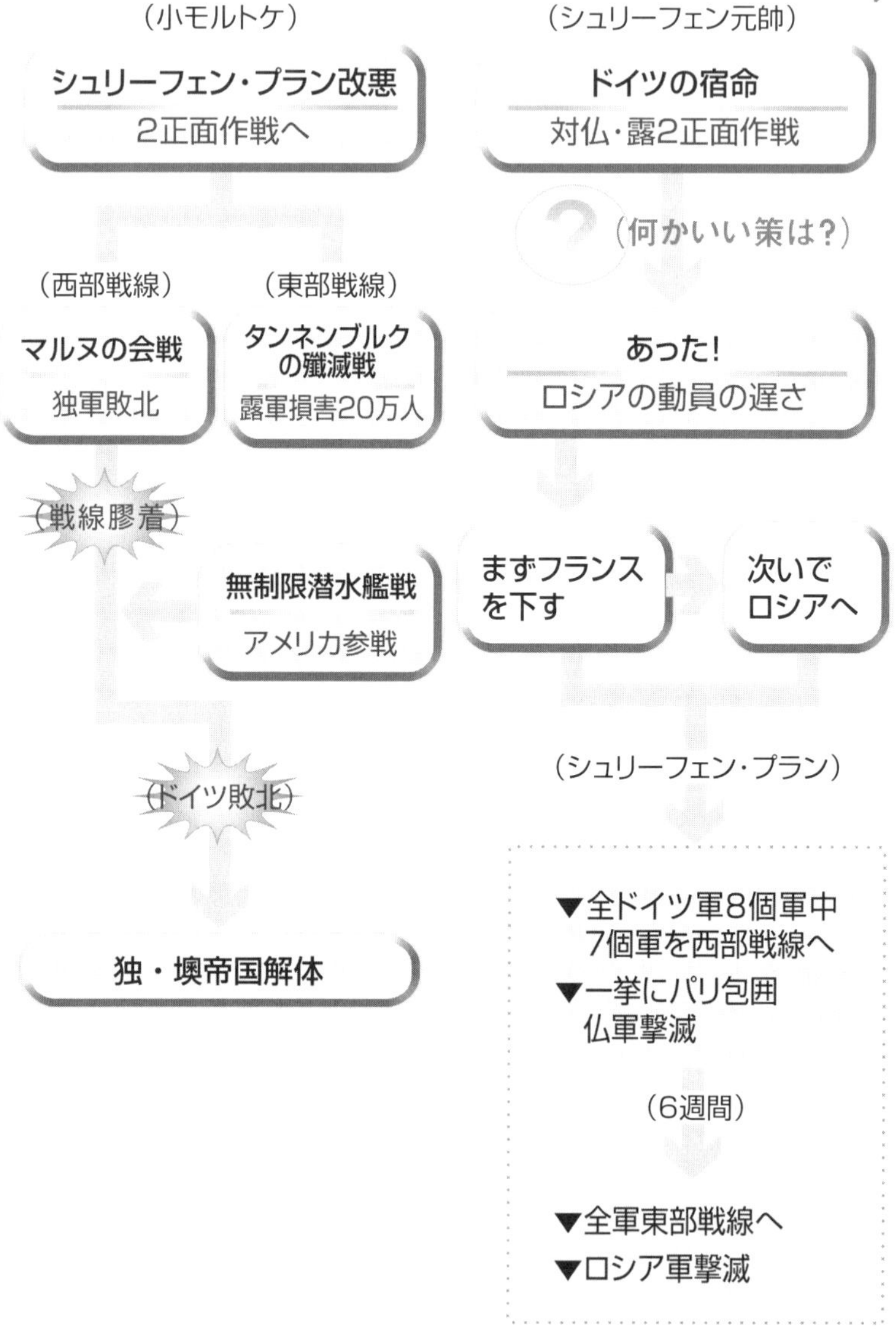
（小モルトケ）
シュリーフェン・プラン改悪
2正面作戦へ
（シュリーフェン元帥）
ドイツの宿命
対仏・露2正面作戦
（何かいい策は？）
（西部戦線）
マルヌの会戦
独軍敗北
（東部戦線）
タンネンブルクの殲滅戦
露軍損害20万人
あった！
ロシアの動員の遅さ
（戦線膠着）
無制限潜水艦戦
アメリカ参戦
まずフランスを下す
次いでロシアへ
（シュリーフェン・プラン）
（ドイツ敗北）
独・墺帝国解体
▼全ドイツ軍8個軍中7個軍を西部戦線へ
▼一挙にパリ包囲仏軍撃滅
（6週間）
▼全軍東部戦線へ
▼ロシア軍撃滅

幻の名作戦計画
（WWⅠ：第1次世界大戦）

シュリーフェン・プラン

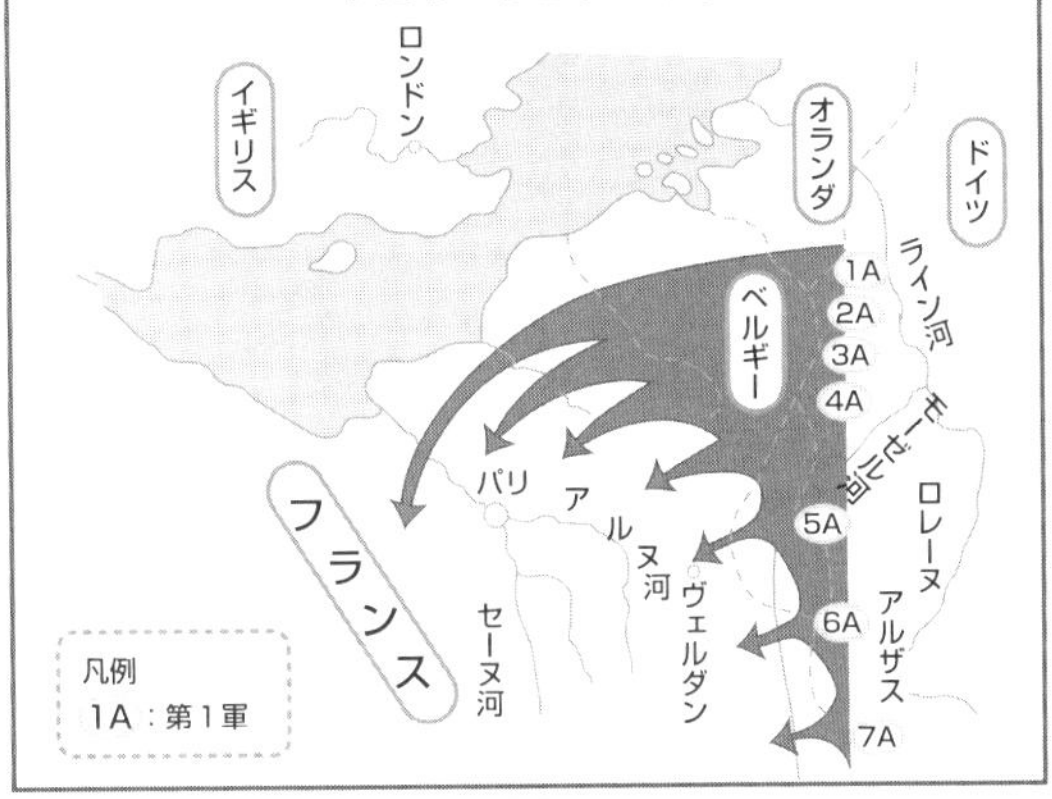

破竹の西方作戦
（WWⅡ：第2次世界大戦）

ダンケルクの包囲

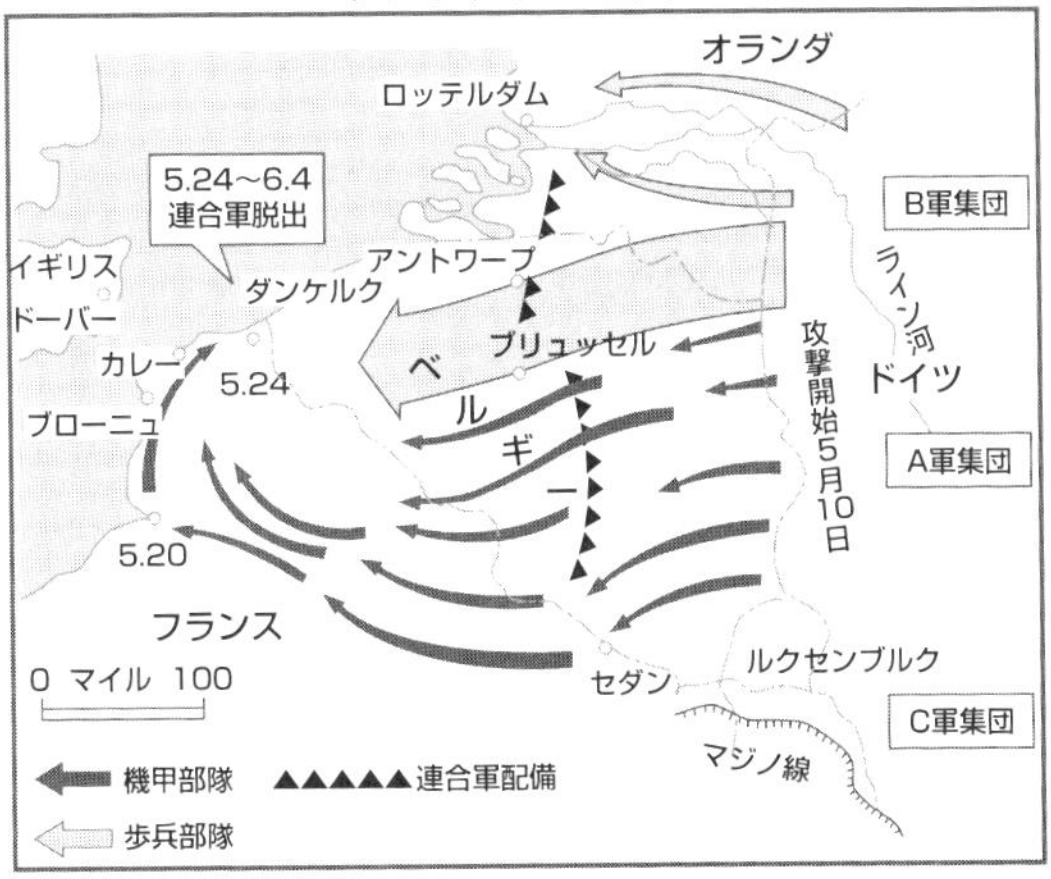

4 奇襲は戦術的に有効であるが、戦略としての効果は小さい

- 優勢獲得の奇策として奇襲と偽計がある。
- 奇襲は極めて有効な手段であるが、大きなリスクを伴う。
- 奇襲は戦術的には極めて有効であるが、戦略面での効果は小さい。
- 奇襲には、周到な準備と企図《きと》、行動の秘匿《ひとく》が必要である。
- 奇襲には、断固とした指揮官の統率および頑強な意志を持つ、軍規厳正なる軍隊を必要とする。

元来奇襲というものは、劣勢なものが相手の隙《すき》に乗じて不意討ちをかけ、あとは一目散に逃げ出すのが常道《じょうどう》で、この場合敵方の動勢把握を含む周到な準備そして自己の行動の秘匿が何よりの条件となる。

したがって、古来奇襲は小まわりのきく小部隊をもって迅速果敢に行い、作戦目的／目標を達成したならば、素早く引き揚げるのが常道である。

したがって、クラウゼヴィッツは、大部隊を動員する戦略奇襲は、広範多岐にわたる準備、またそれに長期間を必要とする等々の要因により、その作戦の戦略の度合いが増すほど成功の可能性は低いと述べている。

ところが、戦略単位の大部隊が、奇跡的に奇襲に成功した例がある。

一九四一年一二月八日、太平洋戦争開始冒頭の「真珠湾攻撃」である。

先に、この奇襲作戦は戦術的には大成功であったが、結果的には第二次世界大戦参戦反対のアメリカ国民を立ち上がらせてしまったので戦略的には大失敗だったと述べた。

しかしながら、それはそれとしてこの真珠湾攻撃が、奇襲攻撃の傑作中の傑作の作戦であることは間違いのない事実である。

真珠湾攻撃は大成功のうちに幕を閉じた

一八九三年、アメリカはハワイ諸島を支配するカメハメハ王朝最後の君主である女王リリウオカラニを倒し、そして一八九八年ハワイをアメリカ合衆国に併合した。

アメリカはハワイを併合すると、仮想敵国となった日本に対する前進基地としてオワフ島の内湾、真珠湾に強力な海軍基地を建設した。

そして、日米間の緊張が高まりだした一九四〇年、F・ルーズベルト大統領は日本に対する牽制《けんせい》のため、今まで本土西岸サンディエゴを根拠地としていた太平洋艦隊主力の真珠湾常駐を命じた。

このハワイ進出を、かえって日本を刺激すると反対した太平洋艦隊司令長官リチャードソン大将は、少将に格下げされサンフランシスコの第一三海軍区司令官に左遷されている。

さて、太平洋戦争開戦にあたり、連合艦隊司令長官山本五十六大将は、「開戦劈頭《へきとう》敵主力艦隊ヲ猛撃撃破シテ米海軍及米国民ヲシテ救ウ可《べ》カラザル程度ニ其《そ》ノ志気ヲ沮喪セシム」という彼の対米戦略に固執し、まわりの反対を押し切り、真珠湾攻撃の決意を固めた。

真珠湾攻撃の成功理由を検証すると…

さて、一九四一年一一月二六日、千島列島の択捉《えとろふ》島単冠湾《ひとかっぷわん》に集結していた日本海軍機動部隊は、ハワイに向かって出撃した。

その編成は、空母「赤城《あかぎ》」以下六隻、高速戦艦二隻、重巡四隻、軽巡一隻、駆逐艦九隻そして給油船七隻の大部隊で、指揮官は**第一航空艦隊**司令長官南雲忠一中将である。

継続中の日米交渉がまとまれば、直ちに反転日本に帰投するという和戦両用の出撃であった。

さて、三五〇〇カイリ（約六五〇〇キロ）の隠密行動は、途中心配された行合船《ゆきあいせん》もなく、天候も平穏で懸案の洋上補給も順調にゆき、一二月八日午前一時三〇分（現地時間七日午前六時三〇分）には、ハワイ・オワフ島の北二三〇カイリの地点に到達した。

現地時間午前六時一五分、南雲中将は攻撃隊第一波一八三機を、一時間後に第二波一六七機を発進させた。

この真珠湾攻撃の経過、成果そして問題点等については先に述べたので省略しよう。

第1航空艦隊

世界最初の本格的空母機動部隊。従来、各艦隊に分属していた航空戦隊（空母2隻）3つをまとめて独立の艦隊に編成した。第1航空戦隊（空母「赤城」「加賀」）、第2航空戦隊（「飛龍」「蒼龍」）、第5航空戦隊（「翔鶴」「瑞鶴」）から成る。

次に、この真珠湾攻撃という離《はな》れ業《わざ》にも等しい作戦に成功した要因について考えてみよう。

その第一は、真珠湾の地形、太平洋艦隊の在泊状況等々徹底した情報を収集し、問題点を一つ一つ解決していったことが挙げられる。

まず攻撃法については、周りを山で囲まれた入江である真珠湾の特殊地形を十分に把握し、それに見立てた鹿児島の錦江《きんこう》湾をはじめ出水《いずみ》湾、佐伯湾等八カ所で実戦並みの猛訓練を行なったこと。

真珠湾の水深が浅いため、従来の魚雷攻撃では魚雷が海底に突っこんでしまうので、特殊な安定器《スタビライザー》を考案してこれを解決したこと。

また、戦艦は二隻ずつ並列で係留しているので、内側の艦には魚雷攻撃はできない。そこで水平爆撃により攻撃することとし、戦艦の四〇センチ主砲の**徹甲弾**を改造した徹甲爆弾を作製したこと等々である。

次は企図・行動の秘匿である。

この真珠湾攻撃作戦では、厳重な情報の秘匿を行ない、例えば機動部隊の艦長以下の将兵がこれを知ったのは、一一月二六日の単冠湾出撃の時であった。

また、機動部隊が日本本土を出撃した後も、各母港の通信隊からあたかもそれら艦艇が在泊あるいは近くの海面を行動しているかのような電報を発信したり、それら艦艇乗組員の水兵帽（例えば、大日本帝国軍艦「赤城」といった帽章付き）をかぶらせた水兵たちを銀座など全国の人目につく所に行動させたりしてその行動秘匿に努めた。

徹甲弾

敵艦船の強力な装甲板を貫徹するための弾丸。主として戦艦の大口径砲から発射されるが、装甲板を撃ち抜いたのち爆発させるため弾頭には硬い芯を、弾底には着発遅動信管を備えていた。最大のものは、戦艦大和の46センチ主砲のもので、重量1.8トン。

連合艦隊が最も恐れたことは、出撃した機動部隊が途中アメリカあるいは第三国の船舶と行き合い、これをアメリカに通報されることであった。

このため、冬季ひと月の四分の三が悪天候で、洋上補給（特に給油）の困難が予想されるアリューシャン列島沿いの北方航路を、あえて選んだのである。

幸いにも、ハワイまでの航程は予想に反して平穏、しかも行き合う船は一隻もなく、洋上補給もきわめて順調に終始し、無事攻撃地点に到達し、（戦術的には）あの大成功を収めたのだった。

クラウゼヴィッツが述べた指揮官（この場合山本大将）の断固とした統率のもと、頑強な意志を持つ軍規厳正な実力ある軍隊が、周到な準備と企図・行動の秘匿、そしてアメリカ側の油断もあって、困難といわれた戦略的奇襲が見事成功した稀有《けう》の例といえよう。

真珠湾奇襲攻撃
（戦略的奇襲成功の稀有の例）

（経緯）

山本大将の考え

- アメリカには勝てない
- 開戦冒頭大打撃
- 士気沮喪→講和

真珠湾攻撃
米太平洋艦隊主力の撃滅

VS

軍令部等
▼南方作戦主
▼投機的作戦不可
▼とんでもない!

（できないなら辞める）

実現

（問題点の解決）

行動の秘匿
▼部隊内の秘密保全
▼北方航路の採用
▼存在の欺瞞

有効な攻撃
▼情報の収集
▼地形の確認
▼猛訓練
▼兵器の改造

1941.11.26
単冠湾出撃

12.3
ニイタカヤマノボレ
1208

真珠湾奇襲

アメリカ側油断
- 12月8日の開戦察知
- まさかハワイまで!?

「これは演習ではない」

戦略奇襲大成功

5 戦略面では不要な予備隊も、戦術面においては必要となる

●予備隊の任務は、次のとおりである。

・戦闘中、軍隊を交代、あるいは増援《ぞうえん》すること：戦術予備

・不測の事態に対応：戦略予備

●予備隊は敵に関する情報が不確実で、不測の事態に対応すべきことの多い戦術面では必要である。

●戦略面では、次の理由により、一般的には予備隊は不必要である。

・戦略行動は一般的に秘匿困難であるので敵の戦略企図は多くの場合察知される。

・大軍の戦勝は、小軍の敗戦を償って余りあるものである。

・主要なる決戦では、兵力の全力投入が必要である。

戦略予備の兵力についてクラウゼヴィッツの言わんとするところをまとめてみると、第一に、その目的である不測の事態に備えるということは、敵の戦略企図は多くの場合察知できるので

必要がない。

次いで、重要な戦略行動の帰結を定める戦闘においては初動よりできるだけ多数の兵力を投入するので、戦略予備の措置は不必要どころか、かえって危険であるというのである。

しかしそうはいっても、戦略予備軍が大会戦の勝敗をきめた事例は、戦争史上でも結構ある。この予備軍制度について、太平洋戦争における日本とアメリカでは、天と地ほどの違いがあった。その一例として航空機の搭乗員《パイロット》を取り上げてみよう。

日本側は「着た切り雀の一張羅《いっちょうら》」のように、「養成即戦場→消耗」を繰り返していたのに、アメリカ側は、「訓練→戦場→休養」の三交替制で、常に余裕をもって航空戦力を確保していたのは大きな違いである。

それでは、太平洋戦争におけるアメリカ海軍の非常にユニークな戦略予備制度を紹介してみよう。

二人の対照的な指揮官をもつ同一の艦隊

ガダルカナル島争奪戦に続くソロモン諸島攻防戦に血道を上げていた日本海軍の予想に反し、大変貌したアメリカ海軍がついにその覆面《ふくめん》をぬいだ。その艦隊の編成は、従来の認識をまったく新たにしたものであった。

それは、強大な打撃力を持つ「高速空母機動部隊」と、日本海軍の拠点である中部太平洋の島々を強襲、上陸占領するための「水陸両用戦部隊」を基幹に、付属の陸、海軍、海兵隊の基地航空部隊そしてこれらを支援するロジスティクス部隊からなっていた。

のちに、第三八／第五八任務部隊と呼ばれる高速空母機動部隊は、それぞれ基準排水量二万七〇〇〇トン、速力三三ノット、搭載機一〇〇機のエセックス級空母二隻、一万一〇〇〇トン、三二ノット、四五機のインディペンデンス級軽空母二隻を基幹とし、これに護衛の新式戦艦二隻、巡洋艦四隻、駆逐艦一六隻を配した任務群（TASK GROUP）四個からなる強力な打撃部隊である。

一〇〇〇機以上の航空兵力を持つこの大部隊が一昼夜で約七〇〇カイリ（約一三〇〇キロ）も走りまわるのだから、その機動力、打撃力は大変なものである。

また、水陸両用戦部隊は、上陸作戦を行う部隊としては海軍史上初めての画期的なものであった。

上陸部隊である海兵師団、陸軍歩兵師団からなる「水陸両用軍団」。

商船改造の護衛空母、巡洋艦、駆逐艦からなる「護衛部隊」。この護衛空母は八〇〇〇トン、速力一八ノットの小型低速ながら、艦首に設けた蒸気カタパルトにより、新型機三〇機を搭載運用できた。

旧式戦艦群からなる「支援部隊」。真珠湾攻撃により撃沈破されながら以後引き揚げ、修理改造された六隻を主とするこの部隊は、上陸前にその大口径砲で艦砲射撃を行ない支援するのが任務である。

それに、部隊、戦車、重砲、弾薬等々を輸送する多数の輸送船、上陸用舟艇からなる「輸送部隊」。

この四者が一体となり、強襲的上陸作戦を行なう仕組みである。

智将スプルーアンスと猛将ハルゼーの適材適所

一九四三年六月、アメリカ海軍は、太平洋艦隊司令長官ニミッツ大将の参謀長スプルーアンス少将を中将（すぐのち大将）に昇進させ、第五艦隊と命名されるこの大艦隊の司令長官に任命した。

一年前には、巡洋艦四隻を率いる無名の一少将にすぎなかった彼は、一躍正規空母七隻、軽空母五隻、護衛空母七隻、戦艦一二隻、巡洋艦一五隻、駆逐艦六五隻、輸送艦船七〇隻等々艦艇二〇〇隻以上、陸、海軍、海兵隊の基地航空部隊約四〇〇機、上陸部隊三万五〇〇〇、車両六〇〇〇両を擁し、指揮下に海軍少将一六名、海兵隊の将軍三名、陸軍の将軍二名を持つ、海軍史上最大、最強の艦隊の指揮官になったのである。

この抜擢の理由は、彼の沈着冷静で卓越した指揮能力と主将ニミッツ大将との完全な思想の統一により「彼ならば、すべてを任せても大丈夫」との確信を得たニミッツ大将の強い推薦によるものであった。

さて、アメリカ海軍らしく非常にユニークなのは、この大艦隊には二組の主要指揮官からなる統帥機構が準備されていたことである。

すなわち、実質はまったく同一なのにスプルーアンス大将が指揮する場合は「第五艦隊」、

ニミッツ
真珠湾攻撃後、少将から大将へ昇任、一躍太平洋艦隊司令長官になる。温和、冷静、包容力と卓越した戦略眼と剛気さを併せ持った名将。きわめて個性の強いハルゼー、スプルーアンス両大将を使いこなして日本海軍を撃破。知日家としても知られる。のち元帥。

アメリカ海軍の戦略予備
（1艦隊2統帥機構）

日本海軍撃滅の大艦隊

- 第3／第5艦隊
- 中身はまったく同じ

後方支援部隊

基地航空部隊

水陸両用戦部隊

高速空母機動部隊

スプルーアンス大将指揮
第5艦隊

ハルゼー大将指揮
第3艦隊

その理由

- ▼交代制によるリフレッシュ
- ▼リフレッシュ期間中での次期作戦準備
- ▼適任の指揮官の選択
- ▼日本海軍の眩惑

余裕をもった作戦

日本海軍の無力化

第3・5艦隊主要指揮官

艦　隊		第3艦隊 W・ハルゼー 大　将	第5艦隊 R・スプルー アンス大将
	高速空母 機動部隊	第38任務部隊 （TASK FORCE 38） J・マッケーン 中　将	第58任務部隊 （TASK FORCE 58） M・ミッチャー 中　将
	水陸両用 戦部隊	第3水陸 両用戦部隊 C・ウィル キンソン中将	第5水陸 両用戦部隊 K・ターナー 中　将
	上陸部隊	第3水陸両用 軍団 R・ガイヤー 海兵中将	第5水陸両用 軍団 H・スミス 海兵中将

ハルゼー大将が指揮する時は「第三艦隊」と呼ばれていた。

このユニークな二部編成の指揮システムを設けた理由は、次のような合理的なものであり、まさに戦略予備の極致ともいえよう。
▼ある作戦を終了した主要指揮官たちは、その職を保持したまま、旗艦と少数の護衛部隊そして幕僚たちと真珠湾に帰投し、休養リフレッシュする。
▼そのリフレッシュ期間を利用して、太平洋艦隊司令部と次の作戦について打ち合わせをし、万全を期す。
▼目指す作戦の内容によって、適任の指揮官を当てる。例えばマリアナ沖海戦のような慎重な作戦が必要な場合は、智将スプルーアンスを、比島沖海戦（レイテ沖海戦）のような思い切った作戦が必要な場合は猛将ハルゼーを、といった具合である。
▼第三艦隊、第五艦隊という別個の二つの艦隊があり、そのうち一つは常に戦略予備軍として待機していると日本側に思い込ませる。
さて、この大艦隊は、ギルバート諸島の攻略を手始めに、マーシャル群島の攻略、トラック島、パラオ諸島の無力化、マリアナ諸島、フィリピン諸島、硫黄島《いおう》、そして沖縄の攻略等無人の野を行くがごとく日本海軍を撃破し、やがて日本海軍いや日本そのものに止《とど》めを刺すのであった。

第4章

「戦闘」とはどのようなものか

1 〝単純明快〟と〝複雑巧妙〟をうまく組み合わせる

- 戦闘の究極の目的は敵の圧倒、殲滅である。
- しかし、現実の戦争において、個々の戦闘は必ずしも敵の圧倒、殲滅を目的とせず、全体に従った特殊の目的を持っている。
- 過去「敵戦闘力の破壊を必要とすることが少ないほど高尚な兵術である」といわれた時代があった。
- これらの論拠により、多くの手段を組み合わせた複雑巧妙な計画と行動により、（極力リスクを少なくし）敵の戦闘力と意志を破壊しようとする者がいる。

クラウゼヴィッツがここで言わんとしていることは、戦争においてその究極の目的である敵の圧倒、殲滅による相手意志の屈伏を達成するには、単純明快な直接的な攻撃による敵殲滅を手段とするか、戦闘のみならず占領、牽制、陽動等々多くの手段を組み合わせた巧妙な計画により、極力直接の戦闘を避け相手を屈伏させるかということである。

もちろん彼は前者を取るべきとしている。

彼は、この問題を考えるにあたって、相手の戦争／戦闘に対する姿勢（積極か消極か）と複雑な計画を準備する時間の問題をあげている。

そして彼は「複雑巧妙な計画攻撃はしばしば戦機を失い、機先を制せられるので、果敢な攻撃がかえって大きな効果がある」と結論づけたのである。

しかしながら、このクラウゼヴィッツの持論に反する実績のある兵術が現存することも事実である。

要するにこの単純明快か複雑巧妙か、勇気と智慮のいずれかが利かという両論は、二律背反のものではなく、クラウゼヴィッツもいっているようにバランスの問題であろう。

それでは、この両者をうまく組み合わせた巧みな戦いにより、強敵を降しついには相手国を屈伏させた事例を紹介してみよう。名将ハンニバルが敗れた「ザマの会戦」である。

スキピオの卓越した戦略が名将ハンニバルを破った

B.C.二〇二年一〇月一八日、北アフリカのザマの平原で、第二次ポエニ戦争（ハンニバル戦争）の決着をつける大会戦が行なわれようとしていた。対するは名将ハンニバルとローマの若い将帥プブリウス・コルネリウス・スキピオ（大スキピオ）である。

ところで、イタリア半島でローマ軍を相手に連戦連勝、一六年間の長きにわたって君臨していたハンニバルが、何故に帰国しこのザマの平原にいるのだろうか？

ハンニバル

カルタゴの将軍。象を連れてのアルプス越えは有名。第２次ポエニ戦争で、イタリア半島でローマ軍を相手に連戦連勝、特にカンネーの決戦でのパーフェクトな勝利は、後世の殲滅戦の手本となった。古今東西の名将をあげる時、必ず５本の指に入る。

それは、当の対戦相手スキピオの深謀遠慮の卓越した戦略にあった。

B.C.二〇九年春、大軍を率いてイベリア半島に向かったスキピオは、ハンニバルの弟である雄将ハスドルバルの留守に乗じて首都ノバ・カルタゴ（新カルタゴ・現在のカルタヘナ）を急襲、一気にこれを陥落させた。唯一の策源地（後方基地のこと）ノバ・カルタゴの陥落は、まさしくハンニバルにとって、致命的な痛手であった。

次いでB.C.二〇四年、今はカルタゴとの和平に傾くローマ元老院はじめ世論に反対して、独力でカルタゴ征服の覚悟を固めたスキピオは、私兵と義勇軍七〇〇〇を中心とする三万五〇〇〇の大軍を集め北アフリカに渡り、各地で殺戮、乱暴狼藉、掠奪の限りを尽くした。これにふるえ上がったカルタゴ元老院は、ハンニバルに対し急遽帰国を厳命したのであった。

B.C.二〇三年の秋、ハンニバルは一六年間無人の野を行くがごとく君臨したイタリアを去るのであった。破竹のような連戦連勝で、九分九厘《くぶくりん》まで勝利を得ながら、ついにはこのような形で撤兵せざるを得なかった彼の胸中は察するに余りあるものがある。

ハンニバルから多大な戦力を奪ったアフリカ帰還命令

この時ハンニバルは、アフリカ帰還を拒否する兵二万を処刑、輸送手段のない馬五〇〇〇頭、戦象多数を殺さざるを得ない悲劇に見舞われ、その戦力を大きく減退させている。

さて、状況を再びザマの平原に移そう。

ちなみにザマ平原は、カルタゴ本市西南へ五日行程のところにある。

この時の両軍の兵力は、ハンニバル側歩兵五万、騎兵二〇〇〇、スキピオ軍は歩兵四万、騎兵四〇〇〇である。

兵力的にはほぼ同数であるが、ハンニバル側は、彼がイタリアから連れ帰った老練兵二万のほかはいずれも練度不足、特に騎兵は質量ともに劣勢である。

一方スキピオ側は、アフリカ上陸以来の一連の戦闘で士気、練度とも向上し、何よりもかつてカルタゴ側で勇戦奮闘し、カルタゴの戦法を知り尽くしている豪雄マシニッサの率いる東ヌミジア騎兵の精鋭があることが強みであった。

明けて一〇月一九日のザマ原頭、ハンニバルはその重歩兵を三段に分け、第一線には帰国直前戦傷死した末弟マゴの部下であった勇猛なリグリア兵、第二線には練度不足のカルタゴ本国兵、そして少し下げて直属の老練兵を置いた。そして前衛として戦象一四〇頭、両翼に騎兵各一〇〇〇を配置した。

一方スキピオは、同じく重歩兵を三線とし、その両翼に騎兵各二〇〇〇を配置した。

この時両雄が考えていたのは、奇《く》しくも同じ**カンネーの決戦**の再現であった。

開戦となるやハンニバルは、戦象の突撃によって混乱したローマ歩兵に対し、自軍歩兵に総攻撃を命ずると共に、第三線に陣したその自慢の老練兵を左右に展開、両翼包囲にかかった。

これに対しスキピオも、その第三線の老練兵を左右に展開、必死の防戦を続けるが、この歩兵対歩兵の戦闘はハンニバル有利のうちに進展していった。

この時両雄の心中は、ハンニバルは西ヌミジア王シファックスの騎兵部隊主力の来援を、ス

カンネーの決戦

小よく大を呑む作戦の典型。以後、包囲作戦、殲滅戦の原型となる。これに範を取ったものに、第１次世界大戦中、ドイツのヒンデンブルク、ルーデンドルフのコンビがロシア軍を包囲撃滅した「タンネンブルクの殲滅戦」が有名。ハンニバルの傑作中の傑作の作戦。

キピオはカルタゴ騎兵を追撃して戦場を離れた東ヌミジア騎兵の反転、戦場復帰を願う気持ちで一杯であった。

そしてマシニッサの戦場帰還、全力をあげてのカルタゴ歩兵の背後への猛襲により、ここに攻守ところを変えカルタゴ軍の総敗北となったのである。

カルタゴ軍の損害戦死二万、捕虜二万に対しローマ側は死者二〇〇〇人余、まさにカンネーの決戦の再現であった。

この敗戦のあとカルタゴは、「賠償金一万タレントの五〇年賦での支払い」「一〇隻を残してその他の軍艦、戦象全部を引き渡す」「ローマの許可なく他国と開戦しない」等々の苛酷な条件でローマと講和を結び屈伏した。イスパニア、そしてカルタゴ本国という策源を突き、ハンニバルを帰国せざるを得ない状況に追い込み、そして彼譲りの両翼包囲の戦術で止めを刺したスキピオのパーフェクト勝ちであった。

クラウゼヴィッツが提示した「直接攻撃か間接的な攻撃か?」「単純明快か複雑巧妙か?」「勇気か智慮」かの両論を、その巧みな組み合わせで実現したよい例といえよう。

大スキピオの戦略
（ザマの会戦）

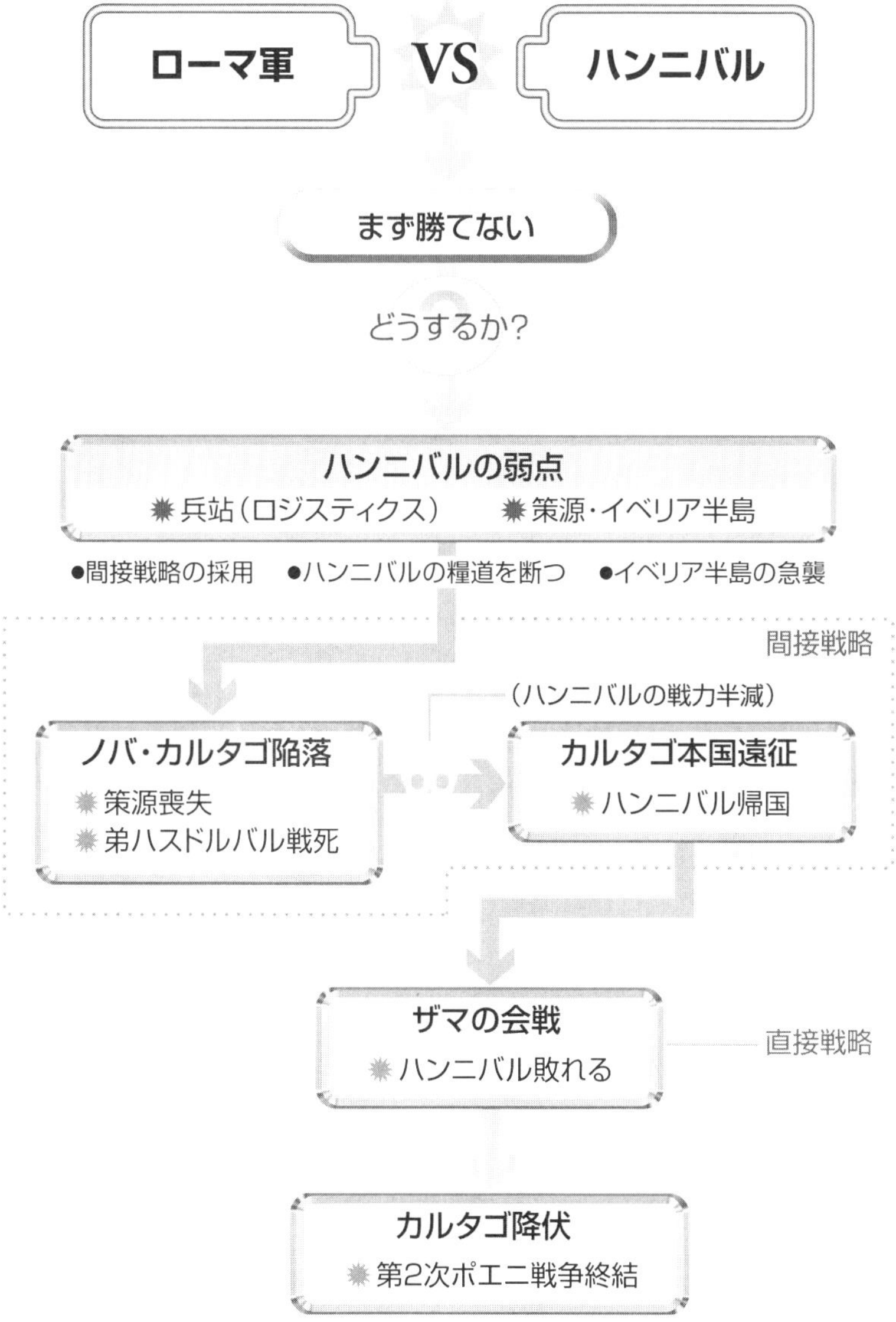

ローマ軍
VS
ハンニバル
まず勝てない
どうするか？
ハンニバルの弱点
兵站（ロジスティクス）
策源・イベリア半島
●間接戦略の採用
●ハンニバルの糧道を断つ
●イベリア半島の急襲
間接戦略
（ハンニバルの戦力半減）
ノバ・カルタゴ陥落
策源喪失
弟ハスドルバル戦死
カルタゴ本国遠征
ハンニバル帰国
ザマの会戦
ハンニバル敗れる
直接戦略
カルタゴ降伏
第2次ポエニ戦争終結

2 物理面と精神面の損失は、どちらがより致命的か？

- 物理的戦闘力の損失は、戦闘中に彼我の被る唯一の損失ではない。
- 軍の秩序、将兵の勇気と信頼、部隊間の連携等々の精神諸力もまた損失となる。
- 彼我双方が共に同程度の損失を被っている場合には、勝敗決定の要因は精神諸力にほかならない。
- 要するに戦闘は、彼我の物理的、精神的諸力を流血による破壊的な方法で清算する闘争にほかならない。
- そして戦闘の終局において、この二つの諸力の残高をより多く保有する方が勝者である。
- このような戦闘においては、精神諸力の損失が敗戦の主因となる。

俗に「七分《しちぶ》三分《さんぶ》の兼ね合い」という言葉がある。伯仲した戦いの最中《さなか》、「もはや戦いは勝った！」と判断しても実際の状況は半々で、安心、油断は禁物。また「もはやこれまで！」と思ってもやはり状況は五分五分《ごぶごぶ》、性根をすえてぐっと我慢して踏み止まって敢闘すれば必ず挽回できるという教えである。

クラウゼヴィッツも、戦い伯仲の場合精神諸力が崩れた瞬間に勝敗が決まり、そしていったん敗戦となると損失はますます増大し、全軍事行動の終局において頂点に達すると述べている。

さて、戦争現場の軍事行動が伯仲し、ある場面では主将の善戦により優勢に展開しようかという状況において、本国の精神的屈伏により苛酷な条件のもと講和を強制された事例について考えてみよう。第一次ポエニ戦争におけるカルタゴ降伏である。

戦意喪失により降伏した強大国カルタゴ

B.C.二六四年、シシリー島の支配権をめぐって新興国ローマと強大国カルタゴはついに激突した。この時点における両国の力関係を少し見てみよう。

五段櫂《かい》の軍艦五〇〇隻からなる強力な海軍力を背景に、卓越した商才と航海術による貿易によって当時世界の富の九割を保有するといわれたカルタゴは、「地中海の女王」と呼ばれる強大な海洋帝国であった。

一方ローマは、ティベル河畔の都市ローマを中心に、征服したイタリア半島の諸都市の同盟の上に立つ新興の一地域国家にすぎなかった。

さて、シシリー島における戦闘では、精強な国民軍であるローマ軍は、陸戦の不得手な傭兵主体のカルタゴ軍を随所に撃破し、やがてカルタゴ側の拠点は島西方のリリベウム、ドレパヌム両市を残すのみとなっていた。

ところが海軍力の弱小なローマは、イタリア半島とシシリー島をへだてるメッシナ海峡の制海権を確保できず、いつその後方兵站線（ロジスティクスライン）をカルタゴ海軍に遮断されるかもしれないという脆弱性《ぜいじゃくせい》を持っていた。

そこでローマは大規模な海軍建設を思い立ち、五段櫂軍艦の建造と乗組員の養成にとりかかった。

にわかづくりのローマ海軍がカルタゴを制した理由

しかしながら、古来海軍の建設には手間、暇《ひま》、金がかかるものである。ましてや相手カルタゴ海軍は母国フェニキア以来数世紀にわたって地中海に君臨してきた大海軍である。

にわかづくりのローマ海軍が在来の戦法で勝てる相手ではなかった。

それでは、ローマ軍の得意とするものは何か？　いうまでもなくそれは、白兵戦《はくへいせん》における**軍団兵**の格闘術である。

そこで、ローマ艦をカルタゴ艦に接舷させ、自慢の軍団兵を斬り込ませるという戦法を考案した。

B.C.二六〇年末、この戦法を考案した執政官である提督ヴィリウス・ネポスに率いられたローマ艦隊一二〇隻は、メッシナ海峡西北マイレの沖合で一五〇隻のカルタゴ艦隊と対戦、強

軍団兵

ローマ軍団を構成する兵士。厳しい軍規と実戦より辛いといわれた猛訓練にきたえ上げられた格闘力により、抜群の戦闘力を持っていた。携行の２本の槍を投じたのち両刃の短剣をもって敵に襲いかかり、力の限り戦うのが特徴。

行接舷、斬り込みにより完勝、戦果カルタゴ艦捕獲八〇隻。

以後戦況は、ローマ側優勢のうち一進一退が続くのであった。

さて、あくまでシシリー島を確保したいカルタゴは、B.C.二四七年ついに最後の切り札を登場させた。若い将軍で「雷将」と尊称される**ハミルカル・バルカ**である。

彼は洞察力に富み、卓越した戦略・戦術眼を持ち、そして元来忠誠心など持ち合わせていない傭兵たちを心服させる名将であった。

ちなみに、不世出の名将ハンニバルは、彼の長男である。

さて、シシリー派遣軍の総帥となったハミルカルは、今までの専守防衛を改め、攻勢へと戦略を転換した。

こうして陸海ともカルタゴ側が優勢になった情勢をふまえ、一気に勝負をつけようとしてハミルカルが本国に大規模な援軍を要請するが、本国政府は言を左右にしてこれに応じない。要するに軍の主体である傭兵に対する費用が惜しいのである。このため、さすがの名将ハミルカルも決定的勝利を収めることができず、以後六年という歳月を空費せざるを得なくなったのである。

B.C.二四一年、カルタゴはハミルカルに対する補給、増援のため軍艦三四〇隻、輸送船八〇〇隻からなる大艦隊をドレパヌムに送った。

この動きを察知したローマ側は、執政官ルタティウス・カトゥルス指揮の艦隊をもってこれをシシリー西エガテス諸島沖で邀撃《ようげき》した。

ハミルカル・バルカ

第1次ポエニ戦争におけるカルタゴの名将。後半戦シシリーにあってよく退勢を挽回したが、本国の支援不足により涙を呑む。戦後、総督としてイベリア半島へ一族郎党と共に移住、ローマへの復讐の根拠地としようとした。名将ハンニバルの父。

戦いの結果はカルタゴ側の惨敗、その損害は軍艦の沈没五〇、捕獲七〇、全輸送船の喪失そして陸兵二万の捕虜という甚大なものであった。こうしてカルタゴは、一日にして制海権を失い、ハミルカルは孤立無援となりシシリー島で立ち往生してしまった。

不《ふ》撓《とう》不《ふ》屈《くつ》の精神でカルタゴに立ち向かったローマ軍

このブルドッグのような執拗なローマの挑戦に嫌気がさし、そして莫大な戦費に耐え切れなくなったカルタゴは、ついには苛酷な条件を受け入れ講和に踏み切り屈伏してしまう。

この二三年間にわたる戦争においてローマは、海戦において二回、暴風雨によって三回ほとんど艦隊全滅の憂き目にあいながら、不撓不屈の精神のもとに上下一致団結してその再建に努めた。

これに反してカルタゴは、再三の海戦に敗れたとはいえ、常時ローマより優勢な艦隊を持ちながら一度も攻勢に転じることなく、いわゆるジリ貧の結果を迎えた。

要するにクラウゼヴィッツのいう物理的力が尽きたのではなく、精神的諸力が尽きたのであった。

このカルタゴ政府の不甲斐なさを身にしみて味わい、そしてローマに対する復讐に燃える父ハミルカルの遺志を受けついだハンニバルが起こしたのが第二次ポエニ戦争（ハンニバル戦争）であったことを終わりに付記しておこう。

精神力の差
（第1次ポエニ戦争における制海権争奪）

目　　的

✹シシリー島争奪 ──→ ✹地中海の支配

（当面の目標）

地中海の制海権

ローマ海軍	カルタゴ海軍
✹弱　小	✹強　大
✹貧弱艦十数隻	✹500隻の大艦隊

（艦隊の建設）

新戦法の考案	海戦の初勝利
接舷・強行斬込	マイレの海戦

（一進一退）

ローマ側の損害

✹海戦の敗戦2回　　✹暴風雨3回

↓

✹大型艦の喪失500隻

不屈の精神でその都度再建

エガテス沖海戦　ローマ側完勝

カルタゴの対応

✹シシリー島の情勢好転　　✹残存艦隊はるかに強大

↓

✹戦争に嫌気

講　和

3 勝敗を分ける時機を見逃さないことが重要である

- 戦闘の勝敗は、漸次形成されてゆくものであるが、如何なる戦闘においても「勝負あった」と思われる瞬間がある。
- これを勝敗の分岐点という。
- 戦況不利なる場合には、この勝敗の分岐点の確認が極めて大切である。
- この時機を過ぎては、いかなる援軍を戦場に送っても大勢を挽回することは難しく、かえって無用の犠牲を増すだけである。
- これに反し勝敗のいまだ定まらない時は、新鋭の援軍はよく大勢を挽回できる。

俗に「六日の菖蒲《あやめ》、十日の菊」という言葉がある。いかに立派な菖蒲や菊を作っても、それぞれが必要な五月五日の「端午《たんご》の節句《せっく》」、九月九日の「重陽《ちょうよう》の節句」に間に合わなければ何の意味もないという教えである。

本項で取り上げたクラウゼヴィッツの教えは、読んでそのままで、特に解説する必要はないかと思うが、要は戦機の察知、特に負け戦《いくさ》に対する増援が「六日の菖蒲」にならないよう十分に注意せよということである。

これを現代風にいうならば、ビジネスにおける業務改善のためのマネジメントサイクル「PLAN－DO－SEE（CHECK）」のうちのＳＥＥが肝要ということになろう。

軍隊風にいうならば、上級司令部は作戦計画（ＰＬＡＮ）を発動し、隷下《れいか》部隊に実働（ＤＯ）を命じたあと、作戦の推移を慎重に見守り（ＳＥＥ）、必要に応じ遅れることなく所要の措置を講ずることをいうのである。もっと堅くいえば「連続情勢判断」「実施の監督」ということになる。

さて、戦況すでに敗北必至に定まり、増援部隊が戦場にたどり着く可能性がまったくない中、残り少ない貴重な部隊を何の定見もなく死地に投じた無為無策の典型的な悲劇があった。太平洋戦争末期《まっき》、沖縄攻防戦支援のための海上特攻作戦、すなわち**戦艦「大和」**出撃である。

敗北が必至の状況で出撃を命じられた超戦艦「大和」

日本本土への玄関口である沖縄攻防戦たけなわの一九四五年四月五日、第二艦隊司令長官伊《い》藤整一《とうせいいち》中将は、連合艦隊司令長官豊田副武《とよだそえむ》大将から何の予告もなく突然に「第一遊撃部隊ハ海上特攻トシテ八日黎明《れいめい》時　沖縄ニ突入ヲ目途トシ　急速出撃準備ヲ完成スヘシ」（一三五九電）との準備命令を受け取った。

戦艦「大和」

日本海軍が誇った巨大戦艦。基準排水量６万4000トン、46センチ砲９門、速力27ノット。２番艦「武蔵」、３番艦「信濃」（空母に改装）。兵術的にはすでに時代遅れで何の役にも立たなかった。沖縄海上特攻作戦で沈没。

そしてその一時間後の一五〇〇電をもって「大和、第二水雷戦隊ヲ以《も》ッテ、海上特別攻撃隊ヲ編成シ、六日豊後《ぶんご》水道ヲ出撃、八日黎明、沖縄ニ突入、敵艦隊ヲ撃滅スヘシ」と下令されたのであった。

ここで、当の第二艦隊（第一遊撃部隊）について説明してみよう。比島沖海戦（レイテ海戦）の完敗によって超戦艦「武蔵」以下多数の主力艦船を失った日本海軍は、奪回作戦によって残存艦船をさらにすり減らし、もはや近代的海軍の体《てい》をなしていなかった。

ようやく本土にたどりついた艦船をもって次のとおり第二艦隊（軍隊区分により第一遊撃隊と呼称）を再編成したが、これがあの世界第三位、実力天下無敵を誇った日本帝国海軍のなれの果ての姿であった。

▼第二艦隊司令部
司令長官　伊藤整一中将
参謀長　森下信衛少将
▼大和（旗艦）
艦長　有賀幸作大佐
▼第二水雷戦隊
司令官　古村啓蔵少将
軽巡洋艦「矢矧《やはぎ》」　駆逐艦八隻

一方沖縄攻略中の米軍主体の連合軍の陣容は、総指揮官は、ハルゼー大将と交代した第五艦隊司令長官R・スプルーアンス大将、そして攻略部隊／水陸両用戦部隊指揮官は百戦錬磨の勇将K・ターナー中将である。

上陸部隊はS・バックナー陸軍中将の第一〇軍、その下に第三水陸両用軍団の三個海兵師団、陸軍第二四軍団の四個歩兵師団の総勢一八万三〇〇〇の大軍である。

これを輸送する艦船一一三九隻、護衛空母、旧式戦艦をはじめとする護衛艦艇三一八隻。

そしてこれを支援するのは、これも歴戦の勇将M・ミッチャー中将の空母一六、新式戦艦七隻をはじめとする史上最大、最強の高速空母機動部隊である第五八任務部隊、さらにサー・B・ローリングス中将の率いる空母四隻、戦艦二隻等二六隻のイギリス空母機動部隊、第五七任務部隊が加わる鉄壁の布陣である。

戦力は雲泥《うんでい》の差である。誰が考えても、沖縄へたどりつけるわけがない。

最後の出撃と納得した上で沖縄に向かった第二艦隊

さて、話を元に戻そう。出撃電令を受けた第二艦隊は色めき立った。

この無謀な突入作戦に対する批判、非難が渦巻いたのであった。

このような空気に驚いた豊田連合艦隊司令長官は、鹿屋基地で作戦打ち合わせ中の参謀長草《くさ》鹿龍《かりゅう》之介《のすけ》中将、作戦参謀三上作夫《みかみさくお》中佐を急遽徳山沖の「大和」に派遣し、第二艦隊主要幹部の説得に当たらせた。

驚くべきことは、連合艦隊司令部において作戦の中枢を担《にな》うこの二人は、この作戦を事前にまったく知らされていず、寝耳に水だったことである。

さて、草鹿中将の説得は難渋した。

困り果てた草鹿中将の「……一億総特攻のさきがけになってもらいたい」との懇願にも似た発言に対し、伊藤第二艦隊司令長官は「そうか、それならわかった」と納得し、以後は一同虚心坦懐となり、こうして「大和」最後の出撃が決まったのである。

さて、徳山沖で燃料搭載を終えた「大和」以下一〇隻は、六日一五二〇（一五時二〇分）同地発、夕刻豊後水道を出撃、沖縄へ向かった。

この出撃は片道燃料だったといわれているが、徳山の海軍燃料廠《ねんりょうしょう》のタンクの底までさらった結果、「大和」「矢矧」は三分の二、駆逐艦八隻は満載というのが正しい。

一方、米海軍側は、暗号解読、潜水艦の監視、航空哨戒等により、この海上特攻部隊の行動を手に取るように把握していた。

そして第二艦隊は、翌七日正午過ぎから、第五八任務部隊の二波延べ四〇〇機の航空攻撃を受けた。まず第二水雷戦隊旗艦「矢矧」沈没、そして一四二三（一四時二三分）「大和」も魚雷九本、爆弾三発の命中で転覆爆沈、そして随伴の駆逐艦四隻も沈没し、この海上特攻作戦も幕を閉じたのである。戦死した者、司令長官伊藤中将、大和艦長有賀大佐以下三七二一名、何ともむなしい戦いであった。

ところで、このような軍事的合理性ゼロの無謀な作戦が、関係者のほとんどが知ることなく

軍事的合理性ゼロの作戦
（戦艦「大和」出撃）

（沖縄攻防戦）

連合艦隊
長官:豊田大将

（突如、海上特攻下令）

第2艦隊
長官:伊藤中将

（軍事的合理性皆無）

第5艦隊
○第58任務部隊
・新式空母16
・新式戦艦7　　等
○その他戦闘艦艇　320隻

VS

第2艦隊
○戦艦「大和」
以下10隻

（戦力問題外）

第2艦隊猛反対
たどりつけるはずがない！

（浪花節の世界）

草鹿参謀長の説得
一億総特攻のさきがけ

伊藤長官
それなら分かった

第2艦隊出撃
成算まったくなし

その結果

☠ 戦艦「大和」以下6隻沈没
☠ 戦死:伊藤長官以下3721名

（増援果たせず）

まったく無益な作戦

唐突に行なわれた背景は何であったのだろうか？

この謎を解くカギは、連合艦隊参謀長を務めた宇垣纏《うがきまとめ》中将の手記『**戦藻録**《せんそうろく》』中にある。

「……抑々茲《そもそもこれ》に到れる主因は、軍令部総長奏上の際、航空部隊丈《だけ》の総攻撃なるやの御下問に対し、海軍の全力を使用致すと奉答せるにありと伝ふ。帷幄《いあく》にありて籌畫《ちゅうかく》補翼の任にある総長の責任蓋《けだ》し軽しとせざるなり。」

すなわち沖縄の第三二軍の総攻撃に呼応しての海軍の特攻作戦「菊水一号作戦」について軍令部総長が昭和天皇に奏上した際の御下問に対し、ことの成り行きからついつい海軍の全力を使用すると答えてしまい引っ込みがつかなくなった。

困り果てた軍令部総長及川古志郎大将が、豊田連合艦隊司令長官と相談の上、作戦関係者にも知らせずバタバタこの作戦を決定、実行したというのが真相と伝えられている。

戦藻録

連合艦隊参謀長、第１戦隊司令官、第５航空艦隊司令長官等の要職を歴任した宇垣纒中将が、太平洋戦争開始時から終戦当日特攻機で出撃する直前まで、日本海軍の作戦等を書き綴った日誌風の記録。公正な記録であり、日本海軍研究の好個の資料。

4 「会戦」における勝利の効果は強大である

- 会戦とは主力をもってする戦闘である。
- 会戦の主要目的は、敵戦闘力の殲滅にある。
- 会戦における勝利の効果は、従属的な戦闘とは比較にならぬほど強大である。
- 特に敗者に与える精神的影響は甚大で、救うことのできない混乱に陥《おちい》らしめることができる。
- 会戦の勝利は国民および政府の士気を鼓舞し、その活動に大きな影響を及ぼす。

企業活動においてある特定の時期、目的と期間を絞り、会社の全力を挙げて行なう特別な営業活動を〝○○キャンペーン〟と称しているが、このキャンペーンの訳語が実は「会戦」なのである。

ある戦争自体あるいはその重要なエポックである作戦において、決定的な結果を得るために、戦場に主力を投入し、敵軍主力との間に正面きっての戦闘で勝敗を決しようという軍事行動を会戦という。

　戦争史上国の命運を賭けた会戦には、アレキサンダー大王がペルシア帝国を滅ぼした「ガウガメラの戦い」、ハンニバルの不朽の名作戦「カンネーの殲滅戦」等々たくさんある。

　この項においては、配流地《はいるち》エルバ島を脱出してフランス皇帝に復位したナポレオン・ボナパルトを百日天下に終わらせた「ワーテルローの会戦」について述べてみよう。

ナポレオンの命運をかけた「ワーテルローの会戦」

　ナポレオンの退位後、ナポレオン体制の処理のための「**ウィーン会議**」が列強の利害により対立して紛糾し「会議は踊る。されど進まず」の名文句に象徴されるよう夜ごとの絢爛《けんらん》豪華な舞踏会にうつつを抜かしていた一八一五年二月二六日の夜半、熱狂的なボナパルチストや多くの国民の要請を受けたナポレオンは、一七〇〇人の陸軍を率いて配流地エルバ島を脱出、三月一日南仏カンヌに上陸した。

　仰天したフランス政府は直ちに討伐軍を差し向けるが、将兵はナポレオンの雄姿を見るや「皇帝万歳！（ビバ・ランプルール！）」と熱狂してその戦列に加わり、また国王ルイ一八世の厳命により「彼を生け捕りにせん！」と馳《は》せ向かったかつての股肱《ここう》の臣ネー元帥も「皇帝よ、我は御身を愛す！」と彼を抱擁、感涙にむせぶありさまである。

　こうして刻々勢力を増したナポレオンは、三月二〇日、ルイ一八世の逃亡したパリに堂々と

ウィーン会議

1814年４月のフランス皇帝ナポレオン１世の退位後の新秩序確立のため、全ヨーロッパ諸国の代表がオーストリアの首都ウィーンに集まって行なわれた会議。各国の利害が対立して会議は遅々として進まず「会議は踊る。されど進まず」といわれた。

入城、フランス皇帝に復位したのであった。

さて、ウィーン会議においてて安逸をむさぼっていた列国は、ナポレオンの復位を聞いて驚《きょう》愕《がく》、早速彼を「欧州全体の公敵」と宣言し、英・墺・露・普・伊等の計七〇万の大軍をもってフランスに侵入しようとした。

これに対し、ようやく二〇万の軍隊しか集め得なかったナポレオンは、各個撃破によって死中に活を得ようとし、ベルギー方面から南下するウェリントンおよびブリュッヘルの英・普軍二二万をその合同前に撃破すべく、ブリュッセル市目指して北上した。こうして起こったのが運命の会戦、「ワーテルローの決戦」であった。

一八一五年六月一六日、彼は猛将ネー元帥にブリュッセル南方カトー・ブラに布陣するウェリントン将軍の英軍を攻撃させ、これを北方のワーテルローへ敗走させた。

また自らも、その東方リニーにおいてブリュッヘル元帥のプロシア軍を撃破し、追撃をグルーシー元帥に任せて自分はネー元帥を合同、ワーテルローへ進出した。

ここまでは上出来であったが、ネーの攻撃不徹底によりウェリントンを逃《のが》したこと、そしてグルーシーの追撃不徹底のためブリュッヘルを見失ったことなどがやがて致命傷になる。

いよいよ決戦当日六月一八日の早朝、ナポレオンは参謀総長スール元帥の開戦要請に対し、「夜来の豪雨のため地面がぬかるみ、砲兵の展開運動が困難であろう……」との理由により、これを退《しりぞ》けた。

一一時半、ようやくにして彼は、モン・サン・ジャン高地に布陣する英軍に対し、歩兵軍団による攻撃を開始したが、英将ウェリントンは約七万の歩兵を一三の方陣として頑強に防戦する。

そこでナポレオンは、決戦兵力であるネー元帥の胸甲騎兵団一万を投入し、その方陣のうち七個までを撃破するが、馬防濠に阻まれたりして決定打を与えることができない。

一九時、ついにナポレオンは虎の子である近衛《このえ》師団を投入するが、戦況は仏軍有利のうちにも勝負がつかず、やがて夕刻となりその帰趨《きすう》は、一にグルーシーあるいはブリュッヘルの来援にかかっていた。

会戦での敗北とナポレオン時代の終焉《しゅうえん》

この時、あまりの緊張に耐えかねたウェリントンが「ブリュッヘルか！　夜か！　しからずんば死か！」と絶叫したのは有名な話である。すなわちブリュッヘル元帥の来援があれば勝ち、夜のとばりが降りれば引き分け、そうでなければ負け、とその時の状況を端的に物語る一言《ひとこと》であった。

やがて東方に人馬の土煙が上がったが、これこそグルーシーの追撃をかわして駆けつけたブリュッヘルのプロシア軍六万であった。

こうして攻守ところを変え、戦況はフランス軍の総敗北となり、ここにナポレオンの「百《ひゃく》日天下《にちてんか》」は幕を閉じた。

歴史、特に戦争史において「もし」は禁句であるが、このワーテルローの戦いはナポレオン

ナポレオンの敗因
（精神力の低下）

ナポレオンの戦略
列強軍の各個撃破

前哨戦うまくゆく
だが……

部将の敢闘精神不足
✹グルーシーのブリュッヘル追撃不十分　✹ネー、ウェリントンを逃す
✹のちに致命傷

ワーテルローの決戦
ナポレオンVSウェリントン

ナポレオンの致命的錯誤

開戦の延期
早朝→11時半

決戦開始

戦況膠着
✹仏軍優位なるも一進一退
✹カギは援軍
仏:グルーシー　普:ブリュッヘル

ブリュッヘルの来援

仏軍大敗
ナポレオン
百日天下終了

敗　因
もしも
✹グルーシーがブリュッヘルを追いつめていたら…
✹ネーがウェリントンを逃さなかったら……
✹ナポレオンが開戦を延期しなかったら……

精神力の低下・不足
思い切った勝負できず!

にとって、実に「もし」の多い戦いであった。

六月一六日の前哨戦でネーがウェリントンを、グルーシーがブリュッヘルを徹底追撃していたら……。

何よりもナポレオンが予定どおり早朝から開戦していたら、いつものように陣頭に立ち士気を鼓舞し、果断に指揮していたら、近衛師団の投入がもう少し早かったら、等々である。良将、名将とは「戦場において錯誤の少ない将帥をいう」との格言があるが、名将ナポレオンにとっては、まさに痛恨の錯誤の連続であった。またこの敗北を精神面からとらえ、この天下分け目の大会戦でありながらナポレオンは持病により健康がすぐれず、また部将たちも元帥、公爵等功成り名とげ、草莽《そうもう》時野望に燃えながら共に戦野を駆けめぐった気概を失っていたことを挙げる向きも多い。

このあとナポレオンは、七〇日、四五〇〇カイリの航海の後、一〇月一六日大西洋の絶海の孤島セント・ヘレナ島に流され、イギリスの苛酷な監視のもと、残された五年六カ月の人生を送ることになる。

5 状況に応じて会戦の途中放棄を決断する

●会戦における勝敗の運命は漸次に定まるもので、その経過につれ徐々に均衡変化の徴候が現れる。
●将帥は、これらを観察し、状況真にやむを得ない時は会戦の放棄を決心する。
●通常将帥は、その勇気と忍耐をもって会戦放棄を欲しない。
●しかしながら、勝敗の決定にはおのずから限界点があり、これを超えれば軍の存立を危うくするのみならず再び立つ能《あた》わざるに至る。

戦争でもビジネスでもやりかけたことを途中で打ち切るということは、大変なことである。ましてや、国の命運をかけた会戦を、戦況不利等の動機で打ち切り放棄するのは極めて重大な決心のいるところである。

ところが絶対有利の情勢下、相手国屈伏の一大エポックになろうかという絶好の機会にあって、万が一の敗北と以後に及ぼす影響をおもんぱかって、会戦を自ら回避した稀有の事例がある。

羽柴秀吉《はしばひでよし》が毛利の重鎮吉川元春《きっかわもとはる》との戦いを回避した「馬野山《まのやま》の対決」である。

優勢な状況下にあっても決戦を回避した秀吉の熟慮

毛利家の山陰方面の最前線、因幡《いなば》の鳥取城は、天正九年七月以来織田家の中国方面軍司令官羽柴秀吉の徹底した兵糧《ひょうろう》攻めに苦しんでいた。当時、離反した備前の宇喜多氏との戦いに没頭していた毛利家には直ちにこれを救援する余力は無かったが、ようやく同年一〇月山陰総督である吉川元春（毛利元就の次男）は七〇〇〇の兵を率いて救援に向かった。

伯耆《ほうき》の橋津まで来た時、鳥取落城と城将吉川経家《つねいえ》の自刃を知った元春は馬野山に陣を敷いた。

一方、元春の伯耆着陣を知った秀吉は、毛利に大打撃を与える好機到来とばかり、全軍四万を率いて伯耆に入り、馬野山を眼下に見下ろす御冠山《おかんむりやま》に布陣した。

元春の布陣した馬野山は、後方である西には橋津川が流れ、北は日本海そして南は東郷池の湖水、まさに死地である。

その上元春は、橋津川にかかった橋を引き落とし、また渡河に使った数百の舟を陸に引き揚げ、その櫓櫂《ろかい》を残らず打ち折らせてしまった。

文字どおり背水の陣である。

しかし、如何に吉川元春が名将であっても、七〇〇〇対四万、しかも秀吉方は鳥取、丸山の二城を攻め落として意気大いに上がっている。

そこで部将たちは「とうてい勝ち目がないのでここは一旦引き揚げ、毛利輝元、小早川隆景の軍を合わせて出直そう」と進言すべく元春の幕舎を訪れると、元春は橋津川で捕れた鮭を料理してもてなし「敵は寒風吹きすさぶ山上でふるえ、士気沈滞しているであろう。我が方はこうして暖かい酒食を取り人馬を休め大いに鋭気を養っている。明日は乾坤一擲《けんこんいってき》の戦いをして秀吉を討ち取ろう」と悠々と落ち着き払っているので、さすがの諸将も撤退を言い出せずに退散したのであった。

その後部将たちがそっと本陣をうかがうと、元春は炉でたくさんの柴をたき、背中をあぶって大鼾《おおいびき》をかいて寝ている。また、その旗本たちは鼓《つづみ》を打ったり、謡をうたったりしてくつろいでいる。そして、元春の子元長、元氏、経言《つねこと》（岩国藩の祖、広家）の三兄弟は油断なく諸陣を巡検するという落ち着きようである。

これを見た部将たちは「軍神とはこの元春父子《おやこ》のことを言うのであろう。数倍の敵を引き受けて背水の陣を敷きながらこの落ち着きよう……。このような大将をいただいている限り、たとえ敵が何倍いようと恐れるに足らず。明日の戦は必ず勝てる！」と奮い立ったのである。

ちょうどその頃、秀吉も諸将を集めて軍議を開いていたが、元春に伯耆羽衣石《ういし》城を追い出された南条元続《なんじょうもとつぐ》は「元春が小勢できているのは天の助けである。元春父子さえ討ち取れば、他の毛利二家輝元、隆景などは物の数ではない。明日は総攻撃をかけ吉川勢を皆殺しにすべきである」と主張し、ほとんどの部将もこれに同調したのである。

会戦放棄の決心

会戦の勝敗

戦闘の経過
→ 徐々にバランス変化
→ 勝敗の徴候

将帥はこれを観察

↓

状況真にやむを得ない

会戦の放棄

なかなか難しい
将帥の勇気・忍耐

勝敗決定の限界点

↓

これを超えれば…

↓

再起不能

↓

思い切って放棄

出直す

秀吉の決戦放棄
（馬野山の対決）

羽柴秀吉　　　吉川元春

鳥取城攻略

← 救援できず

馬野山の対決

4万 VS 7000

常識的には
羽柴勢絶対優位

秀吉の情勢判断

味　方
- 戦勝のおごり
- 士気弛緩

敵
- 戦力精強
- 背水の陣
- 士気旺盛

勝てない!
もし負ければ…

のちのちの作戦にひびく

会戦放棄

播磨へ引き揚げ ● **秀吉の大英断**

ところが唯一人、宿老《しゅくろう》蜂須賀彦右衛門正勝は、

「敵は名将元春のもと意気天を突いており、鳥取落城の復讐の念に燃えている。これに比べ味方は鳥取、丸山二城を攻め落として気分がおごっている。その上数倍の軍勢であると安心してだらけている。これではまず勝てない。ここで大損害を被《こうむ》ればこれからの中国征伐に大きく響く。二城を攻め取ったからには、軍を帰しても恥にはならない。播磨《はりま》へ帰還すべきである」

と進言した。

秀吉も、この正勝の言を入れ、翌朝陣払いをし、静かに去って行ったのであった。

これを見た勇猛な長子元長は全軍を率いて追撃しようとしたが、元春はこれを制止し羽柴勢の引き揚げを静かに見送ったのである。

元春のこの一戦にかける闘志と自信、これをよく察知し、大勢《たいせい》に流されることなく事態を判断し、のちのちのことを考えてリスクを賭けなかった秀吉の分別、名将同士の駆け引きの極致といえよう。

最後に、この時の元春の背水の陣はまたたく間に諸国に広まり、戦のみならず賭け事などでも思い切った勝負をすることを「吉川が橋を引く」という諺《ことわざ》であらわすようになったと伝えられている。

6 会戦敗北後の退却にも方法論がある

●**会戦敗北後における退却**は、諸力の均衡が再び回復される**地点**に向かって行なわれる。
●この均衡とは、**挫折する戦力特に精神力の回復し得る地点**をいう。
●**均衡回復の主要なる原因**とは、
・新たなる援兵の出現／・有力なる要塞の援護／・地形上大なる切断部の利用／・敵軍の甚だしき分散
等々が挙げられる。

大きな戦闘すなわち会戦で敗北した際、残存兵力を保全して後方拠点まで後退し、そこで部隊を再編成して戦力を補充し、再起をはかることは、「言うは易く行うは難《かた》し」の最《さい》たるものであろう。
まず、勝ち誇る敵の追撃から逃れることが極めて困難な上、たとえ安全な拠点にたどりついたとしても、敗戦により大きく挫折した精神は容易に回復できないからである。

退却の際の必要条件とは何か?

クラウゼヴィッツは、その退却を全《まっと》うする必要条件として次の四つを挙げている。

▼精神諸力をできるかぎり有利に維持するため、絶えず抵抗と大胆な逆襲を行なう。

▼敵の威力に制せられることなく整々たる退却を行なうため、最初の運動はなるべく小さくする。

▼部隊のうち、最強の部分をもって強力な後衛を編成し、卓越した将軍に指揮させ、重要な場合には全軍をもってこれを支持し、地形の利用等によって小会戦を計画する。

▼退軍にあたっては、努めて兵力の分割を避けて集結をはかり、秩序、勇気信頼を回復することが必要である。

敗戦という大混乱の中、果たしてこれだけのことができるであろうか?

事実、戦争史上でもそううまく退却した例はあまりない。

我が国の戦国時代に例をとれば、越前《えちぜん》の朝倉義景征伐に向かった織田信長が、思いもかけぬ義弟浅井長政の裏切りによって立往生した際の「金ヶ崎総退陣」そして関ヶ原の合戦の終末、敵中を強行突破して戦場を離脱し、本国へ帰りついた**島津義弘**くらいのものである。

この項においては、その島津義弘（この時は出家し、惟新入道と号していた）の敵中強行突破について考察してみよう。

島津義弘

豊臣秀吉の九州征伐で降伏した兄義久の跡を継いで薩摩、大隈、日向の太守となる。朝鮮征伐の終期、泗川城の戦いで7000の寡兵で明・朝鮮連合軍20万を完全に撃破してその勇名を轟かせる。関ヶ原の戦いでは敵の東軍を中央突破して戦場を離脱、本国薩摩へ帰還。

退却の好例といえる島津義弘の敵中突破

慶長五年（一六〇〇年）九月一五日午前、天下分け目の「関ヶ原の合戦」たけなわの中、まわりの戦闘にはわき目も振らず静まり返っている無気味な一隊があった。薩摩《さつま》、大隅《おおすみ》そして日向《ひゅうが》の一部六二万石の太守島津惟新入道義弘の率いる一五〇〇人である。

この時の義弘の胸中には、西軍のため積極的に戦う気持ちはさらさらなかった。

もともと彼は、今は敵方東軍の総帥徳川家康とは悪い仲ではなかった。

義弘は、この東西の手切《てぎ》れにあたって、最初東軍に属そうとし、かねての約束どおり家康の西の拠点である伏見城守備のため入城しようとしたが、守将鳥居元忠の拒絶にあって果たせず、やむなく西軍に属したのであった。

また、再三の要請にもかかわらず、本国からの援軍がなく、その小勢のためこの百戦錬磨の勇将が、毛利秀元や宇喜多秀家など若造や単なる吏僚である石田三成たちの風下に立たざるを得ないことに対するわだかまり。

また家康の美濃着陣に驚いた西軍が大垣城へ引き揚げた際、一人敵地である墨俣《すのまた》川の対岸に置きざりにされたことや、関ヶ原転進に反対し東軍の疲労に乗じての夜襲を提案したのに対する三成のにべない却下等々で、極めて複雑な心境だったのである。

さて、西軍有利のうちに進展した戦いも、西軍の中心兵力毛利秀元率いる三万は動かず、その一門小早川秀秋の寝返りによって一転し、西軍は大混乱に陥ってしまった。

そして東軍の勝利がほとんど確定した午後二時すぎ、ついに島津勢が動き始めた。戦場からの退却行である。

クラウゼヴィッツも述べているように、敗軍の中での退却ほど難しい戦いはない。支離滅裂になったところを、勝ち誇った敵に追いすがられ、その大波に呑み込まれついには消滅してしまうのが常である。

ところが義弘の取った退却戦法はまったく違ったものであった。彼は勝ち誇る東軍の真ん中を強行突破して戦場を脱出しようとしたのである。

彼は全軍一五〇〇をくさび状の突撃陣形とし、その先頭に立った。一番困難な戦いを強いられる後衛には、その甥で日向佐土原二万八〇〇〇石の城主で勇猛をうたわれる若い島津豊久をあてた。

さて、こうして動き始めた島津勢が目指したのは、何と桃配山《ももくばりやま》にある家康の本陣であった。これを阻止しようとした福島勢が、まず軽く一蹴される。続く黒田、細川等諸勢は意識的に戦闘を避け、これをやり過す。すでに東軍の勝利は確定している。

小勢とはいえかつて朝鮮泗川城《しせんじょう》の戦いで明《みん》・朝鮮連合軍二〇万を寡兵七〇〇〇で完全に撃破し、首級三万八千七百余をあげ、「泣く子も黙る石曼子（シーマンヅ：朝鮮勢が島津へつけた呼称）」といわれた日本一の精兵が、しかも決死の覚悟を固めている。このような軍隊にちょっかいを出し、大やけどをしてはまったく割が合わないという打算である。

島津家独特の退却戦術「捨てガマリ」

やがて島津勢は足音を轟かせながら家康の本陣に迫りその直前で東へ急旋回し駆け抜けていった。今まで島津の勇敢な行動を感嘆しながら見守っていた家康も、この人もなげな振る舞いに憤激し、直属の将井伊直政と本多忠勝に追撃を命じた。ここからが島津勢の真の修羅場であった。島津家には、「捨てガマリ」という独特の退却戦術があった。

後衛から複数の小部隊を出し、これがお互いに援護し合いながら相手を逆襲し、その追撃を食い止める戦法である。この場合、日本一の鉄砲集団としてその全幅活用が特色である。

猛将島津豊久の勇猛かつ卓越した指揮により、さしもの井伊、本多勢の追撃も何回となくはね返されるが多勢に無勢、やがては彼も討ち死にしその後衛八〇〇は全滅する。

次いで後衛に立った老臣長寿院盛淳《ちょうじゅいんもりあつ》は、時間稼ぎのため「我れこそは島津義弘なり」と名乗って敵を引きつけ壮烈な戦死をとげる。

そして最後まで追いすがった井伊勢が、主将直政とその女婿《じょせい》である家康の第四子松平忠吉が鉄砲に狙撃されて重傷を負い、その追撃を打ち切ったことにより九死に一生を得たのである。

以後残存の島津勢は、途中土寇《どこう》等に悩まされながら伊賀を抜け、奈良、大坂経由で堺に至り、船を仕立てて海路薩摩に帰還したのであった。この時帰国した者、主将惟新入道義弘以下八〇人余りであったと伝えられている。

どんなことがあっても主君義弘を本国薩摩に帰国させるという大目的のもと、不屈な敢闘精神、豊久以下の強烈な犠牲的精神に裏打ちされた精強さ、卓越した退却戦法等がこの稀有の退却行の成因といってよいであろう。

また、クラウゼヴィッツが網羅した退却の要件をすべて満たした稀有の成功例ともいえよう。このあとの島津家は、薩摩、大隅、日向三国の総動員を行なって臨戦態勢を取るとともに、これを背景に徳川幕府を相手に巧みな外交交渉を展開する。

そして、ついには本領六二万石の安堵《あんど》のみならず、没収された島津豊久の佐土原二万八六〇〇石さえも回復し、その上琉球の支配権まで勝ち取っている。

強力な精神諸力、精強な軍事力そして巧みな外交力の総和による島津のしたたかなねばりに、さすがの家康も脱帽！といったところであろう。

島津義弘の敵中突破

(敵中突破の成因)

島津勢の戦力

✹心・技・体の充実

- 主将義弘の不動心
- 部将の卓越した指揮能力
- 卓越した退却戦法
- 部下の強烈な忠誠心、敵闘精神
- 精強な戦闘力

＋

東軍諸将の打算

- 戦いは勝った
- 島津は桁ちがいに強い
- 手を出せば大損害
- 無駄な戦いは不可

↓

敵中突破成功

(関ヶ原の合戦)

島津義弘

- 積極戦闘の意志なし
- 三成へのわだかまり

↓

- 兵力温存

(西軍総くずれ)

↓

島津戦場離脱

目的：本国帰還

1500VS8万の戦い

東軍の重囲を **突破**

本国帰還
80人

第5章

何が「戦闘力」を決定づけるのか

1 兵力に格差がある場合、最後の切り札は精神力である

- 今や諸国の軍隊の実力には、甚だしい差異はない。
- となると、戦争において勝敗を考える場合、兵力の比が決定的な要因とならざるを得ない。
- しかしながら、戦略の場において兵力の絶対量は定められており、将帥はこれを変更できない。
- このように彼我の戦闘力に著しい差異がある場合、これを解決する理論はあるのか？

この兵力の多寡《たか》に関する項を読んで大きな驚きを禁じ得なかった。それは、まさに「玉砕」についての論理的思考であったからである。その理論展開は、次のとおりである。

近年各国の軍隊の実力は、その装備、訓練等々のレベルから見て著しい差異はない。となると戦争における勝敗は、彼我の兵力の多寡によって決まるということになる。

事実、あのナポレオンでも二倍以上の敵には勝つことができなかった。ところが戦争におい

て将帥に与えられる兵力には限度があり、自己の裁量で変えることはできない。

ということで戦争理論の場において、兵力に著しい差異がある場合、これの解決は極めて困難なものである。しかしながら、理論はこの現実の場から逃げてはならない。それでは、理論的にいってその解決策はあるのか？

その第一は、戦争／戦闘の規模を自己に相応するよう縮小することである。すなわち戦争目的を縮小し、また戦う時間を短縮する等々である。

しかしながら、戦争には相手がある。

兵力の不均衡著しく、また戦争規模の縮小もままならず、寡少な軍隊をもって優勢な敵と戦う場合は、頼みとするのは唯一、精神的優勢のみである。

必死の覚悟を固めることにより、勇気ある将帥に精神的優勢の自覚を生じさせる。

彼は、勇気こそ最高の知恵であることを信じ、あらゆる手段をもって戦わねばならない。

そして武運拙《つたな》く敗れることは武人の本懐として、名誉ある終局を迎え、名を後世に残すのみであると論じている。

クラウゼヴィッツの精神論は日本軍の玉砕戦とどうちがうのか？

さて、太平洋戦争において、日本陸・海軍は、ギルバート、**マーシャル群島**に始まり、アッツ島、サイパン、硫黄島、沖縄等々多くの玉砕の悲劇を生んだ。このような玉砕戦を、このクラウゼヴィッツの論理に照らし合わせてみるとどうなるであろう。

マーシャル群島
旧ドイツ植民地で、第１次世界大戦の結果、日本の委任統治領となる。日本の南洋開拓の象徴的存在であった。歌謡曲「酋長の娘」の一節「赤道直下マーシャル群島…」で有名。1944年２月、スプルーアンス中将率いるアメリカ第５艦隊により陥落。

最高統帥部の戦争に対する無定見、敵の動向、実力等に対する判断ミス等により、十分な対抗策を講ぜぬうちに圧倒的に優勢な攻撃を受け、現場での指揮官以下の勇戦奮闘も空《むな》しく玉砕を続けていった。クラウゼヴィッツの考えとはまったく異なる哲学なき玉砕戦であった。

ここではそのすさまじい勇戦敢闘に対し、これに感嘆した敵の最高指揮官が最高の讃辞を送った玉砕戦を紹介しよう。

日中戦争そして太平洋戦争における中国側の頑強な抵抗は、中華民国総統**蔣介石**《しょうかいせき》の卓越した戦争指導、国民の反日意識、広大な国土などいくつかの要因があったが、その最大のものは、アメリカからの直接、間接の軍事援助であった。

スチルウェル将軍を長とする軍事顧問団、シェンノート将軍指揮の義勇空軍「フライング・タイガー」そしてインド、ビルマ北部、中国雲南省を経て中国中心部に至る「援蔣ルート」を通って流れ込む莫大な援助物資が中国を支えていたのである。

太平洋戦争開始とともに、このことを重視した日本陸軍は、南方総軍のもとにビルマ方面軍を編成し、ビルマ制圧、同ルート遮断に当たった。

一九四二年（昭和一七年）一月、タイを越えてビルマに侵入した日本軍は、五月末には全ビルマを支配下に入れた。

そのため中国側は、一切の地上援蔣ルートを失い、わずかにインド東部チンスカヤを中継点とする空輸路が残るのみであった。

さて、太平洋戦争の形勢が明らかに日本側の不利となりつつある一九四三年、スチルウェル

蔣介石

中華民国総統。孫文の後を継ぎ、その死後乱立する軍閥を北伐によって平定、南京に国民政府を樹立。日中戦争では重慶に逃れアメリカの莫大な援助により徹底抗戦、勝利を獲得。毛沢東の中国共産党との内戦に敗れ、1949年台湾に奔り、亡命政権台湾政府を樹立。

中将は、インド－中国連絡路であるレド公路を奪回し、米式装備の中国軍九〇個師団を雲南方面から南下させて大反攻に移らせようとしていた。

すでにインド侵攻を目指した「インパール作戦」も失敗に終わった、一九四四年八月、ビルマ方面軍司令官河辺正三《かわべまさかず》大将は、第三三軍司令官本多中将に対し、北ビルマ作戦の中止、中部ビルマへの戦線縮小を命じた。

さて問題は、六月以来中国領奥深くのサルウィン河畔で、中国軍の大軍に包囲されている拉《ら》孟《もう》、騰越《とうえつ》の両守備隊をどう救出するかであった。

中国側のビルマ遠征軍指揮官衛立煌《えいりっこう》将軍は、拉孟に対しては五個師団、騰越に対しては三個師団の米式装備の中国軍の精鋭を投入した。これに対し、金光恵次郎少佐が指揮する拉孟守備隊一三〇〇人、蔵重康美大佐が率いる騰越守備隊一五〇〇人は、すさまじい敢闘精神のもと超人的な戦闘力を発揮し、中国軍はいたずらに損害を重ねるばかりであった。

敵である「日本兵を模範とせよ」と訓示した蔣介石

この不甲斐なさにたまりかねた国民政府総統蔣介石は、政府所在地重慶から雲南まで督戦のため飛来し、遠征軍全員に対し叱るにも等しい訓示を与えた。

それは「戦局は有利であるが、前途はほど遠い」と戒め、次いで「中国軍の戦いぶりについての不満」を述べて反省を促したのち、「全将兵は、日本兵を模範とせよ。拉孟、騰越そしてミートキナにおいて彼等が発揮した勇気、忍耐心は敵ながら見事といわざるを得ない。諸官は、これに思いを致し一層努力せよ！」との厳しいものであった。

この訓示は、のちに蔣介石の「返り感状」として有名になった。

しかしながら、この善戦も空しく、九月五日に拉孟守備隊が、同八日には騰越守備隊がそれぞれ一二〇日余、六〇日余の果敢な防御戦闘ののち玉砕し、北ビルマ戦線は日本側総崩れで幕を閉じたのである。

これに対する中国遠征軍の損害は、総勢二〇万中死傷六万三〇〇〇人に達し、全滅した二個師団を含む数個師団が戦力喪失という甚大なものであった。

太平洋戦争陸戦史の掉尾《とうび》を飾る、日本陸軍の強さを遺憾なく発揮した戦いぶりで、クラウゼヴィッツのいう兵力の寡少を精神力で補って敢闘したよい実例であろう。

北ビルマにおける日本陸軍の玉砕戦

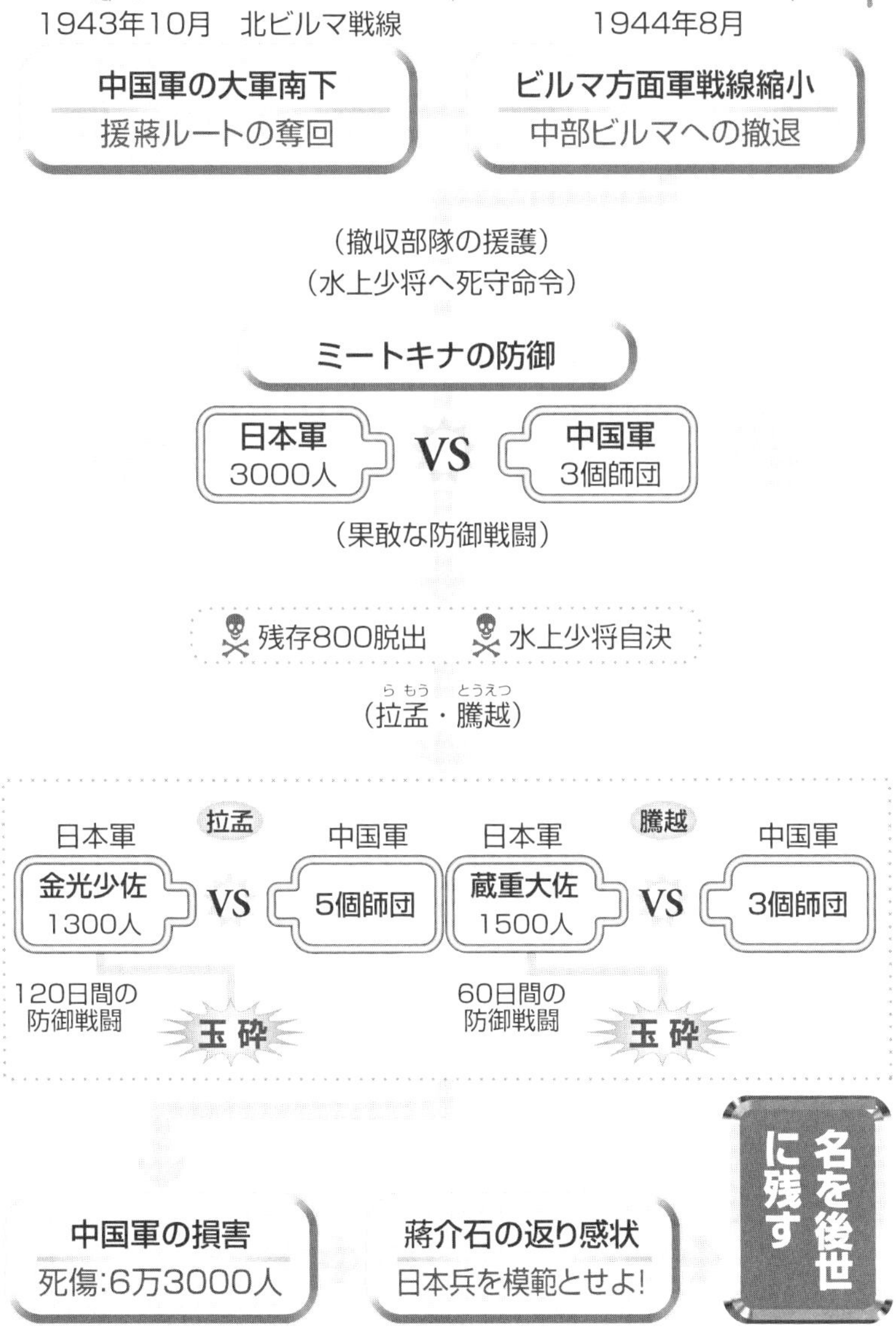
1943年10月　北ビルマ戦線
中国軍の大軍南下
援蔣ルートの奪回
1944年8月
ビルマ方面軍戦線縮小
中部ビルマへの撤退
（撤収部隊の援護）
（水上少将へ死守命令）
ミートキナの防御
日本軍
3000人
VS
中国軍
3個師団
（果敢な防御戦闘）
残存800脱出
水上少将自決
（拉孟《らもう》・騰越《とうえつ》）
拉孟
日本軍
金光少佐
1300人
VS
中国軍
5個師団
120日間の
防御戦闘
玉砕
騰越
日本軍
蔵重大佐
1500人
VS
中国軍
3個師団
60日間の
防御戦闘
玉砕
中国軍の損害
死傷:6万3000人
蔣介石の返り感状
日本兵を模範とせよ!
名を後世に残す

2 タスク・フォース＝任務編成はなぜ生まれたのか？

- 戦闘序列とは、戦争、戦役にあたって、平時編成の軍隊を諸兵種ごとに分割そして結合し、またこれら編成した軍隊を基本戦術に基づき配備することをいう。
- 軍隊の分割は、指揮官が有効な指揮機能を発揮できることを眼目に、隷下部隊を複数の部隊に区分する。
- 結合は、独立して戦闘することが要求される部隊を編成するにあたって、総合的な戦闘力を保有するため、必要な異種兵種を組み合わせることをいう。
- 配備とはこれら分割そして結合（軍隊区分という）により編成された部隊を、その時の情勢と基本的戦術に基づき空間的に配置することをいう。

戦闘序列とは、如何にも軍隊用語然とし、取っつきにくい感じがするが、そう難しく考える必要はない。既にビジネス用語として定着したタスク・フォースあるいはプロジェクト・チームとほぼ同様と考えてよい。

通常軍隊では、平時の編成は各軍とも、同一兵種による編成が基本になっている。陸軍においては、歩兵連隊、砲兵連隊、戦車大隊等々、海軍においては、空母と航空団による航空戦隊、巡洋艦戦隊、海兵隊等々である。

有事にこれらの単一兵種を戦闘目的によって組み合わせ、総合的な戦闘力を持つ部隊を編成することを軍隊区分あるいは任務編成（Task Organization）という。

第二次世界大戦を通じ、最も柔軟にこの任務編成による部隊を運用したのはアメリカ海軍であった。アメリカ海軍にあっては、戦闘の場面を想定した場合の究極の編成は任務編成であり、タイプ編成と呼ばる艦種・機種別の通常編成は、それを構成するための準備段階にすぎないという徹底した考えであった。

この項では、日本海軍に止《とど》めを刺した海軍史最大最強の艦隊、アメリカ第五艦隊の任務編成について、「マリアナ沖海戦」にスポットをあてながら考えてみよう。

史上最強の艦隊　第五艦隊の任務編成とは？

一九四三年六月、アメリカ海軍が日本海軍に止めを刺すべく鋭意建設中であった大艦隊がついにベールをぬいだ。のちに第五艦隊と命名される大艦隊の司令長官に任じられたのは、太平洋艦隊司令長官C・ニミッツ大将の参謀長R・スプルーアンス少将であった。ちなみに彼は司令長官就任と共に即日中将に、その六カ月後マーシャル群島攻略の功により大将に昇任している。

この艦隊の任務は、日本艦隊の撃破そして日本軍の拠点である島々の攻略である。

そこで彼は、この任務を達成すべく、この与えられた兵力を軍隊区分によって次の図のとおり任務編成したのであった。

この大艦隊が、同年一〇月中部太平洋ギルバート諸島マキン、タラワ両環礁の強襲攻略を手始めに翌年一月下旬のマーシャル群島攻略、南太平洋における日本海軍の最大の根拠地トラック島、ついでパラオ諸島の無力化と無人の野を行くがごとく日本海軍を撃破しつつ太平洋を暴れまわったのである。

一九四四年六月一四日、スプルーアンス大将に率いられた第五八任務部隊と第五水陸両用戦部隊は、突如マリアナ諸島のサイパン島を強襲、海兵隊二個師団を揚陸し橋頭《きょうとう》堡《ほ》を確保した。その作戦目的は、対日戦略爆撃機B−29の発進基地獲得であった。今が今まで連合軍の主反攻正面をニューギニアかパラオに想定していた日本海軍は仰天し、連合艦隊司令長官豊《とよ》田《だ》副《そえ》武《む》大将は、フィリピン諸島南端のタウイタウイ環礁で待機中の第一機動艦隊にその撃破を命じた。

こうして起こったのが第五八任務部隊VS第一機動艦隊の海戦史上最大にして最後の空母機動部隊同士の海戦「マリアナ沖の海戦」であった。この項においては、クラウゼヴィッツの述べた戦闘序列の観点から、両軍の任務編成、戦術・情勢判断に基づく配備等について述べてみよう。

戦力的に見て質量共に圧倒的に不利を承知している第一機動艦隊司令長官小澤治三郎中将の

B−29

対日戦略爆撃のため完成した超大型爆撃機。爆弾9トンを搭載して成層圏を飛行。マリアナ諸島サイパン、テニアンから発進して日本本土を焦土とし、継戦能力を破壊した。その高速、高高度飛行、機体の頑強性に日本の防空力はまったく役立たず。

米海軍第5艦隊の任務編成
（軍隊区分）

第5艦隊／レイモンド・A・スプルーアンス中将

- **第58任務部隊**
  マーク・A・ミッチャー少将
  - 空母12隻、高速戦艦8隻等62隻
  - 航空機925機
- **第5水陸両用戦部隊**
  アレキサンダー・K・ターナー少将
  - 護衛空母7隻、旧式戦艦4隻等約300隻
  - 航空機210機
  - **第5上陸軍団**
    ホーランド・スミス海兵少将
    - 海兵師団　1万人
    - 陸軍歩兵師団　5万5000人
- **基地航空部隊**
  ジョニー・フーパー少将
  - 陸軍・海兵隊の航空機400機
- **その他支援部隊**

唯一の利点は、その母艦飛行機隊の長大な航続力であった。同機動艦隊は、空母機動部隊である第三艦隊（三個航空戦隊）と戦艦「大和」をはじめとする水上部隊である第二艦隊から成っていた。さて日本側の戦闘序列である。小澤中将は、軍隊区分により第二艦隊に第三航空戦隊（空母三隻、九〇機）を分属して「前衛」とし、「機動部隊本隊」とした第三艦隊の前方一〇〇カイリに配備した。その長大な航続力を全幅活用して先制航空攻撃をかけ、敵の混乱に乗じて戦艦「大和」以下の前衛が突撃して撃破するという戦法、いわゆる「**アウト・レンジ戦法**」である。

一方アメリカ側では、第五八任務部隊は水陸両用戦部隊のサイパン攻略を支援しながら日本側の攻撃を待つ「インターセプト戦法」を採用したのであった。

柔軟な臨時編成で日本軍を迎え撃ったアメリカの戦術

第五八任務部隊は通常四つの任務群（Task Group：TG58・1〜4）に区分されていた。各任務群は空母四隻、戦艦あるいは巡洋艦四隻、駆逐艦一六隻で編成されていた。

日本側に「大和」はじめ強力な砲戦力を持つ水上部隊が存在することを知っているスプルーアンスは、これらTGから新式戦艦七隻、巡洋艦四隻、駆逐艦一三隻を引き抜き水上打撃任務群（TG58・7）を臨時編成し、前衛とするとともにその北方一二カイリにTG58・4を援護部隊として配備した。そしてその後方（東方）一二カイリにTG58・1〜3の三個任務群を南北に間隔一二カイリで配備した。また前衛の前方六〇カイリに早期警戒のためレーダーピケッ

アウト・レンジ戦法

海戦史上最大の空母機動部隊同士の海戦「マリアナ沖の海戦」において第１機動艦隊司令長官小澤治三郎中将のとった戦術。艦載機の長大な航続力を活用し、米艦載機の到達圏外から先制攻撃しようとしたが、アメリカ側の完璧な艦隊防空のため一方的に敗退。

ト駆逐艦数隻、そしてその上空に戦闘航空哨戒として、ゼロ戦キラーのグラマンＦ６Ｆ「ヘルキャット」を配備した。第一機動艦隊の航空、水上攻撃のいずれにも柔軟に対抗できる、攻防自在の鉄壁の布陣であった。

戦いは、六月一九日早朝日本側の先制航空攻撃によって始まったが、アメリカ側の徹底した艦隊防空によって母艦飛行機隊四三〇機中四〇〇機、そして新式空母「大鳳《たいほう》」はじめ空母三隻を喪失し、一方的な日本側の敗退に終わったのは周知のとおりである。

極めて柔軟かつ適切な軍隊区分と適切な情勢判断に基づく配備、そしてこの上に立つ卓越した戦術／戦法がパーフェクトな勝利をもたらしたよい戦例といえよう。

第58任務部隊（TF58）（米）

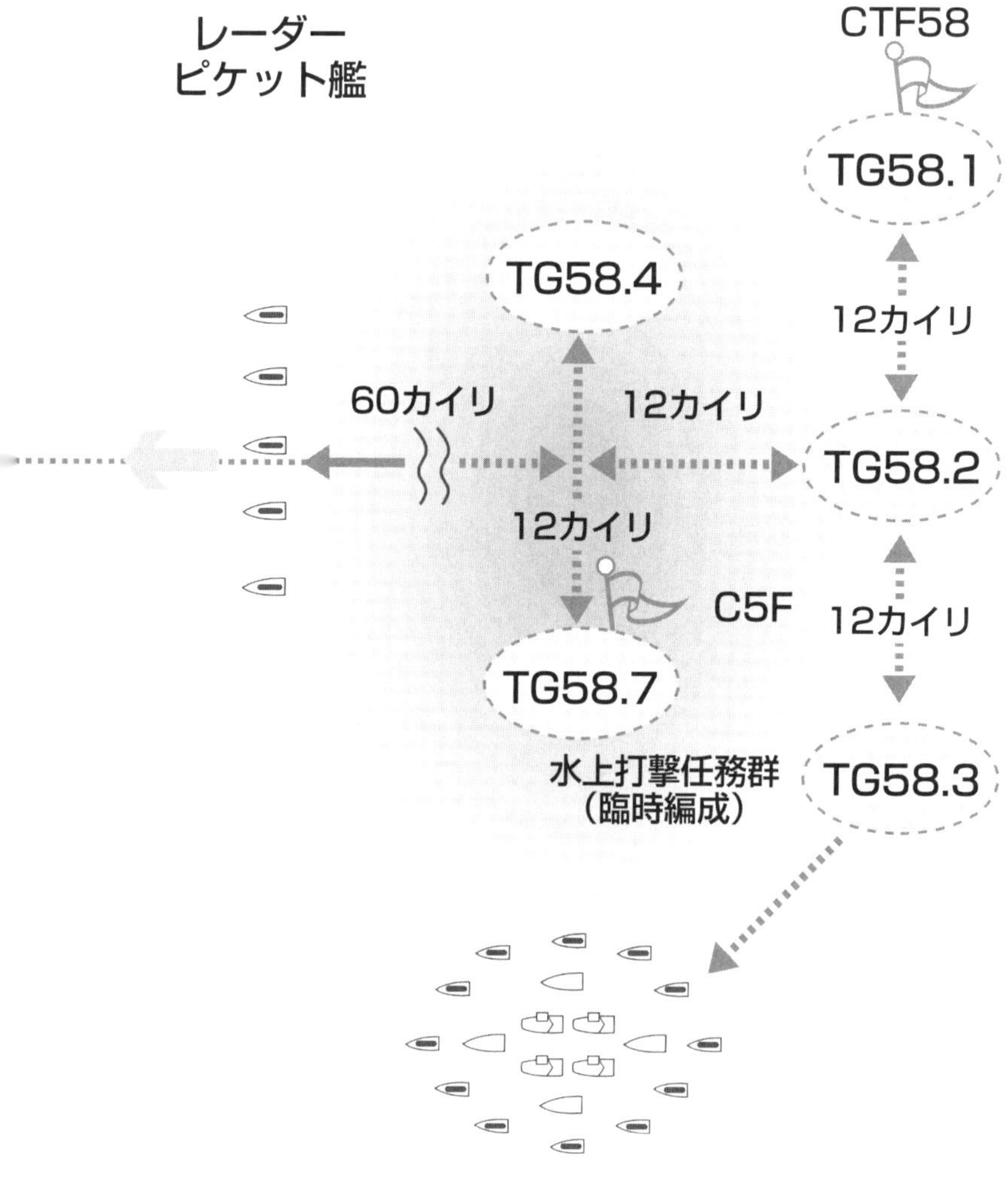

マリアナ沖の海戦における日米両機動部隊の配備

第1機動艦隊（1KdF）　（日）

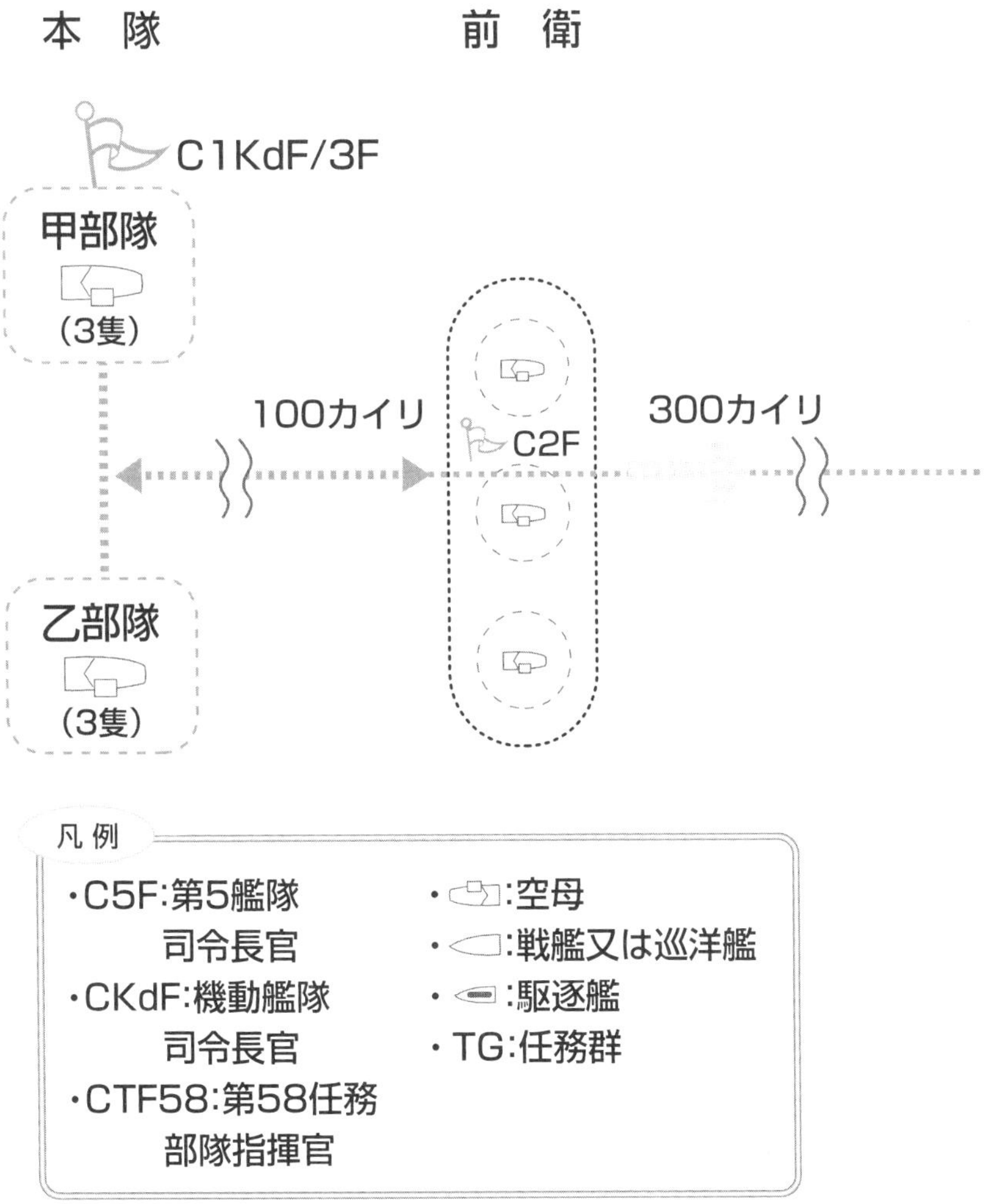

3 戦争の維持にはロジスティクスの根拠地が必要である

●戦争を行うにあたっては、軍隊は糧食および補充品の供給地に依存せざるを得ない。この供給源泉地を策源という。
●策源は軍隊の後方にあって直接これと連絡し、かつ糧食貯蔵の設備や、補充品集積の設備が施されねばならない。
●これらの設備を保全するための防御施設が施され、かつ軍隊との交通が便利なれば策源の価値は一層増大する。
●軍隊が策源に依存する程度および範囲は軍隊の兵力大なれば大なるほど密になり、軍隊およびそのあらゆる企図の基礎となる。
●策源が作戦に対し決定的な効果を生ずるのは作戦が長時間におよぶ場合である。

策源とはこれまた軍隊用語で取っつきにくいが、現代風にいえば軍隊の後方支援基地ということになり、先に述べたロジスティクスの根拠地のことである。

考えてみれば日本にとって太平洋戦争とは策源との戦いだったともいえる。日本自体が国家活動の策源として不可欠の戦略物資である石油、**クズ鉄**等の供給源のアメリカを敵にまわし、その見返りを東南アジアへ求めて進出したのが、そもそもこの戦争の始まりだった。

幸い石油をはじめ南方地域の戦略物資は確保できたが、現地にはその加工手段がない。従ってその原材料を長大な海上交通路をたどって日本本土に送って加工し、その製品化された軍需資材を南方に還流するという効率の悪さである。やがて戦争の退勢とともにこの海上交通路を切断され、日本本土も前進基地も策源としての機能を失い、日本は一路敗戦への道をたどるのであった。

ここでは、現地指揮官の油断と怠慢により、戦場最大の策源地の機能を喪失し、その有形無形の影響により国運を賭けた大海戦で完敗した事例を考察してみよう。

トラック島の壊滅と「マリアナ沖の海戦」の完敗の関係である。

最大の策源地トラック島を失った後の日本海軍の迷走

一九四四年一月三一日、R・スプルーアンス中将率いる第五艦隊は、マーシャル群島を強襲、わずか五日間で攻略してしまった。こののちアメリカ海軍は、この群島の環礁の一つメジュロに真珠湾をしのぐ大後方支援基地を建設、中部太平洋における策源地とした。これで今までのように一つの作戦が終わるごとに真珠湾に帰投、補給整備にあたる必要がなくなり、作戦効率が大幅に向上したのだった。

クズ鉄

戦前の日本の製鉄技術では、単独で良質の鋼鉄を製造することができず、アメリカからクズ鉄を輸入、これを混入して鋼鉄を生産していた。アメリカは「日独伊三国同盟」への制裁措置としてガソリンと共にこのクズ鉄の対日輸出を禁止した。

さて、第五艦隊の次の目標はトラック島である。

カロリン群島の中央部にあるトラック島は、広大な環礁に囲まれた礁湖には夏島、秋島をはじめとする多くの島があり、日本海軍の数カ所の飛行場、大艦隊が停泊できる泊地、本土の海軍工廠《こうしょう》に匹敵する大造修施設そして合計五万トン貯蔵の重油タンク三基をはじめとする大補給施設を持っていた。

そして太平洋戦争開始後は、常に南太平洋における日本海軍の策源地であり、ガダルカナル島争奪戦以降は、連合艦隊司令部の所在地となっていた。そして「日本の真珠湾」「太平洋のジブラルタル」と呼ばれ、難攻不落の神秘の島と信じられていた。

古来要塞VS艦隊の戦いでは、艦隊が勝つことはないというのが兵学上の通念であったが、スプルーアンス大将の率いる第五艦隊は、二月一七・一八日のわずか二日間の航空攻撃でこのトラック島を廃墟にしてしまったのである。

日本側が受けた損害は甚大であった。

航空機喪失二七〇機、軽巡二隻をはじめとする艦艇一二隻、高性能の輸送船三〇隻約二〇万トンが沈没。このうち艦隊用タンカー五隻が含まれていたのが大きな痛手であった。

その他、五万トン入りの重油タンク、造修施設、莫大な補給物資等すべて灰燼《かいじん》に帰《き》し、トラック島は文字どおり一夜にして策源地としての機能を喪失してしまったのである。

この惨状の原因は同島に司令部を置く同方面防衛の最高指揮官である第四艦隊司令長官小林仁中将の無責任と怠慢にあった。第五艦隊の脅威が真近に迫っている中、何らの対策を講ぜず、本人は当日魚釣りに興じていたのである。

同年三月一日日本海軍は、空母機動部隊である第三艦隊と戦艦、巡洋艦を主力とする水上打撃部隊である第二艦隊をもって第一機動艦隊を編成した。司令長官は、第三艦隊司令長官**小澤治三郎**中将の兼任である。

この航空主兵への変換は、戦艦主体思想だった日本海軍にとってはコペルニクス的転回であった。ところが問題は、トラック島の無力化によりこの大艦隊が一堂に集《つど》う根拠地／策源地がないことであった。仕方なく第二艦隊はスマトラのリンガ泊地で、そしてソロモン方面の航空戦でその母艦飛行機隊をほとんど消耗した第三艦隊はシンガポールと瀬戸内海西部で基礎訓練、というてんでんばらばらの状態で同一艦隊の体《てい》をなしていなかった。

この頃、連合艦隊司令部の持つ緊急の命題は、連合軍の次の攻撃正面はどこかということであった。種々検討、研究の結果、情報参謀中島親孝中佐の軍事的合理性に富むマリアナ案をしりぞけ、連合軍来攻の確率はニューギニア西端の北方の小島ビアク島五〇%、パラオ諸島四〇%そしてマリアナ諸島一〇%という結論になった。

策源の喪失は、情勢判断の能力をも著しく低下させた

これには確たる根拠がある訳ではなかった。

本音《ほんね》は、先のトラック、パラオの大空襲で莫大な燃料と艦隊随伴用のタンカーのほとんどを失い、決戦兵力である第一機動艦隊の行動半径が一〇〇〇カイリを切ってしまったことにある。

小澤治三郎

海軍中将。無能な提督の多い日本海軍のなかでは、卓越した戦術家として有名。第１機動艦隊司令長官として、マリアナ沖の海戦を「アウト・レンジ戦法」で戦うも完敗。最後の連合艦隊司令長官。悲劇の名将といわれる。

したがって、今機動艦隊の大半が根拠地としているボルネオ方面から一〇〇〇カイリ以上あるマリアナに来て欲しくない願望がやがて希望的観測になり、ついには誤まれる情勢判断になってしまったのである。

こうした判断から連合艦隊司令長官豊田大将は、第一機動艦隊をフィリピン最南端の小島タウィタウィ環礁に集結待機させた。

このタウィタウィを集結地に選んだ理由は、第一に敵来襲の公算が大きいビアクあるいはパラオへの最短距離にあること。次いで、そのままボイラーで燃焼できるボルネオ原油をふんだんに使えること。そして広大な礁湖は、大艦隊の集結、停泊に便利なことなどであった。

ところが、このことは、第一機動艦隊最初にして最後の決戦である「マリアナ沖の海戦」では、すべて裏目に出るのであった。

すなわち、ほとんど予想していなかったマリアナにアメリカ第五艦隊の戦略奇襲を受け、また出動準備に手間どり、戦場に着いたのが、何と強襲開始後五日目の六月一九日で完全に敵にイニシアティブを取られてしまったこと、また艦隊集結を知った多数のアメリカ潜水艦のため礁湖に缶詰にされて出動訓練がまったくできず、空母着艦もままならないパイロットの未熟な技量を最低レベルまで落としてしまったこと等々である。

ちなみに、艦載機のパイロットは、狭い飛行甲板での発着艦をはじめ、複雑多岐な高度の技術が要求され、一日訓練を休めばただちに練度が落ちるという厳しい宿命を背負っている。

あの雑音に対する市民のごうごうたる非難、反対にもめげず、アメリカ海軍が厚木基地で艦載機のタッチ・アンド・ゴーの夜間離着陸訓練を続けているのも、このような理由によるもので、パイロットの生命がかかっているからである。

本来なら、自分が敵を待ち受けるべき戦場に、判断の誤りから戦略奇襲を受け、その格段に優勢な敵が逆に万全の態勢で待ち受ける中に質量ともに劣勢の部隊をもってのこのこと出向き、あっさりと返り討ちにあったというのが「マリアナ沖の海戦」であり、そこに至る大きな要因が「トラック島の無力化」という最大にして唯一無二の策源地を失ったことにあったといってもあながち過言ではあるまい。

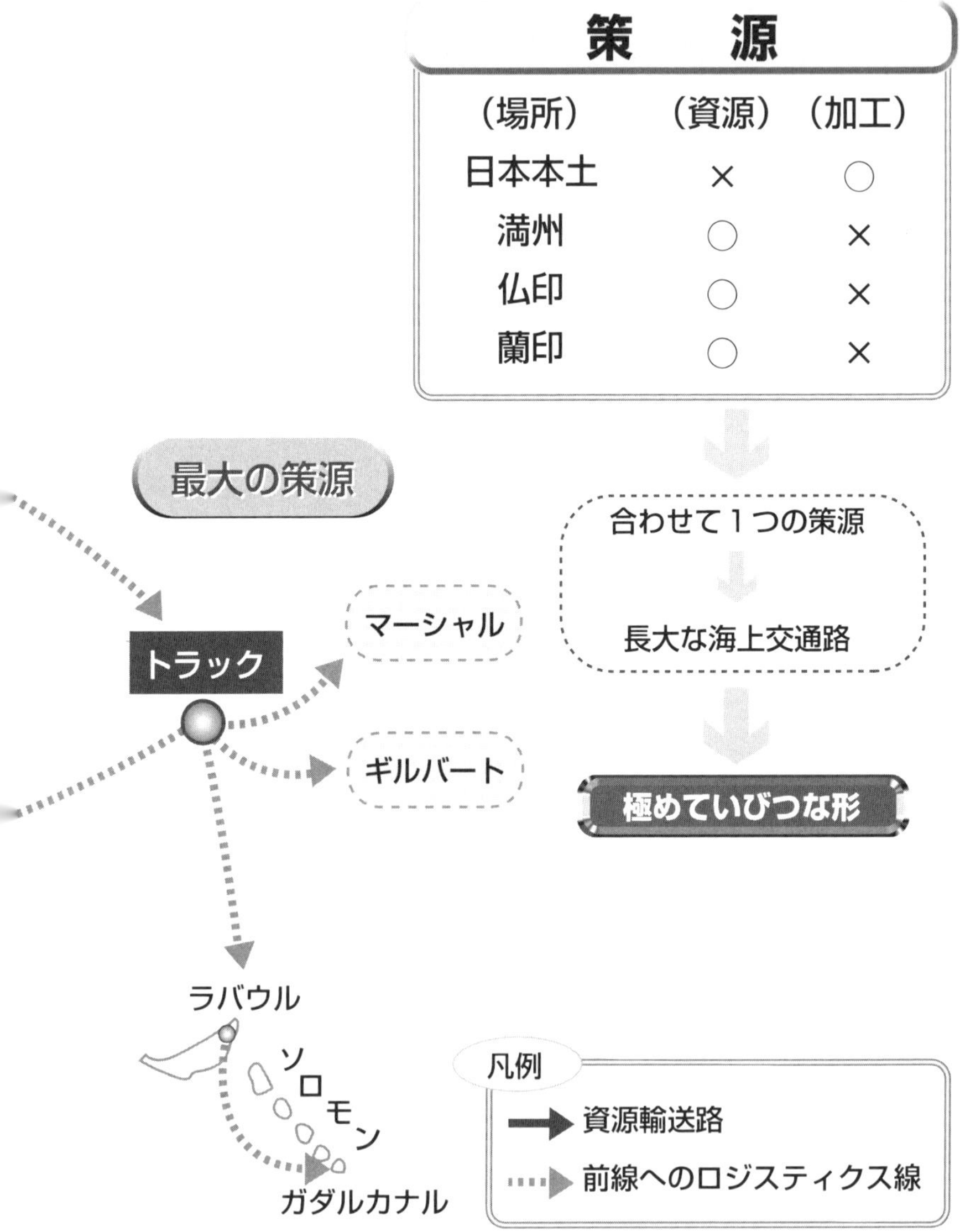
策　源
（場所）　（資源）　（加工）
日本本土　×　○
満州　○　×
仏印　○　×
蘭印　○　×
合わせて１つの策源
長大な海上交通路
極めていびつな形
最大の策源
トラック
マーシャル
ギルバート
ラバウル
ソロモン
ガダルカナル
凡例
資源輸送路
前線へのロジスティクス線

日本の策源と兵站線《ロジスティクスライン》

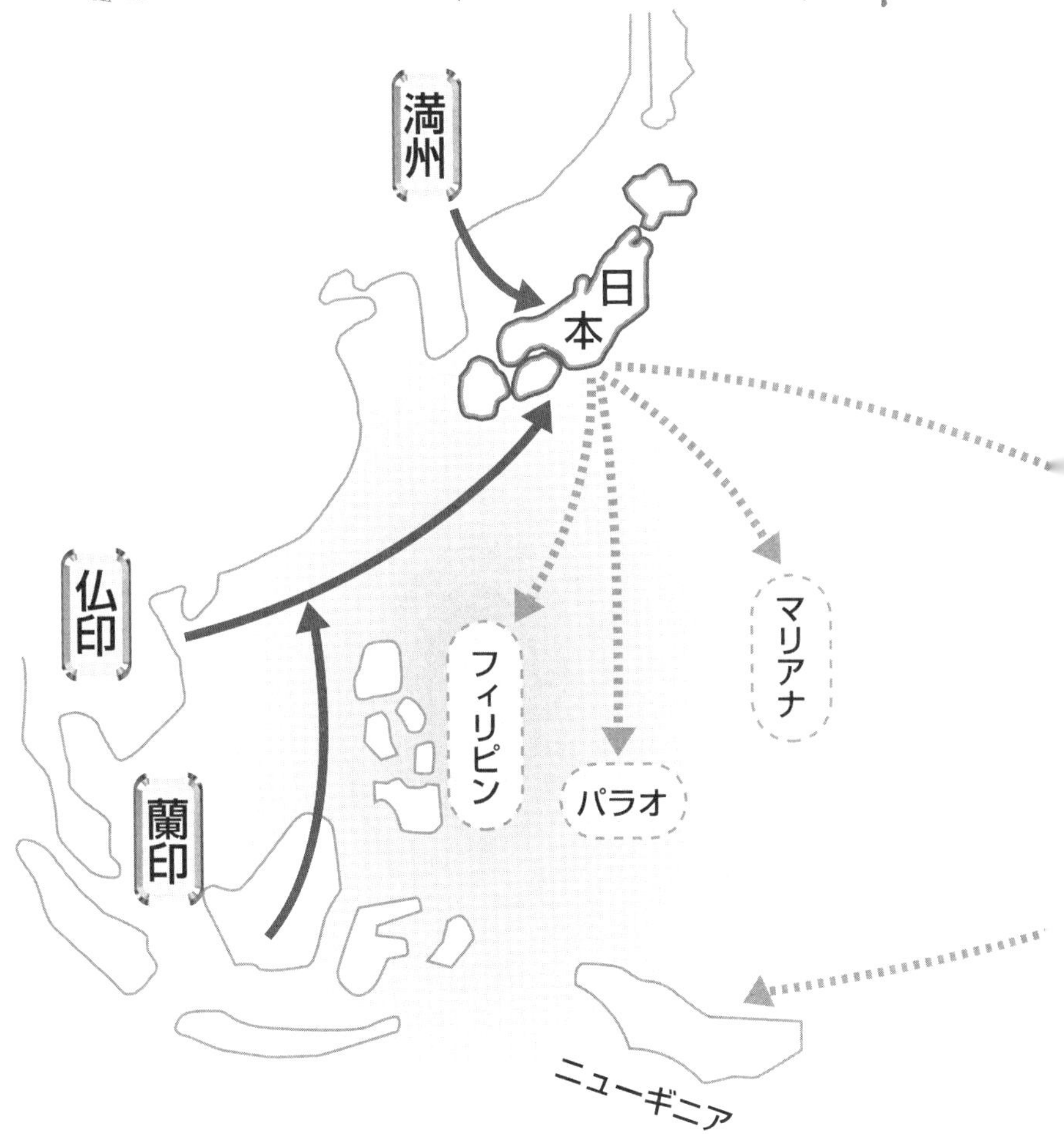

4 ライフラインである"交通線"の確保も重要である

- 交通線とは軍隊と策源の連絡路をいい、また軍隊の戦略背面を形成する退路をいう。
- 交通線の価値はその延長、数、方向、車馬交通の便、要塞または障害物の有無等によって決まる。
- 自国内における交通線に比し、敵国内に設けられる交通線の価値ははるかに大であって、その重要の度合いもまた極めて大きい。
- これは、敵国内における兵站線の変更はほとんど不可能であるからである。
- 以上から、戦略的には敵交通線の切断すなわち迂回が企図されることになる。

第二次世界大戦において、共に資源を持たない日本そしてイギリスは、国家運営、戦争遂行のための物資、資源を、長大な海上交通路を経由する海外に頼っていた。ところが、クラウゼヴィッツがこの項で述べている交通線の確保についての認識そして努力には、両国の間では「月とスッポン」のような違いがあった。

日本においては、その任に当たるべき海軍は、艦隊決戦にのみ血道をあげ、海上交通の確保という国家存立に関わるこの重大事をまったく理解せず、**商船の護衛**などは兵術の外道《げどう》としか考えていなかったのである。その結果、戦争後半からアメリカ軍の海（主として潜水艦）、空からの攻撃により南方資源地帯と本土の間の海上交通線は完全に破壊され、前線の軍隊は立ち往生して立ち枯れ、そして国内では飢餓状態となり、継戦能力はおろか国家活動の力さえ失いジリ貧となって敗戦を迎えるのであった。一方イギリスは、第一次大戦でドイツの無制限潜水艦戦により、あわやというところまで追いつめられた戦訓から、アメリカ本国―イギリスの海上交通路の重要性をいやというほど認識していた。

第二次大戦が始まるや、またしてもドイツ潜水艦（Uボート）の大攻勢を受けながらも、盟友アメリカと緊密に連携しながら有効な戦術、兵器等を開発し、苦闘の連続ながらもついにはこれを押さえ込み、国を全うしたのであった。ここでは、米・英の対潜水艦部隊VSドイツUボートの戦い「大西洋の戦い」を概観してみよう。

交通路を遮断されても敢闘した大西洋の戦い

第二次世界大戦におけるナチス・ドイツの海軍戦略は、イギリスの海上通商路すなわち海上交通路の破壊にあった。年間五〇〇〇万トンの資源を輸入しているイギリスの海上交通路を切

商船の護衛
日本海軍には、商船の護衛は念頭になかった。太平洋戦争末期、あまりの商船の被害の大きさに驚いた海軍は、おくればせながら海上護衛総隊を作って商船の護衛に着手したが、老朽艦艇の充当、幼稚な対潜兵器、対潜戦術の未開発等によりほとんど成果をあげなかった。

断して締め上げ、屈伏させようという戦略である。

　これには、戦艦をはじめ水上艦艇も総動員されたが、やはり主役はＵボートであった。こうして一九三九年九月から四五年の六月までの約六年間、ドイツ海軍Ｕボートと米、英海軍のしのぎをけずる死闘「大西洋の戦い（Battle of Atlantic）」が続くのであった。最初、Ｕボートは無秩序に航行する独航船を狙って大きな成果をあげたが、これに対抗してイギリスは急遽船団（コンボイ）システムを採用する。二〇～三〇隻の船団を編成し、これに数隻の護衛艦艇が護衛して航行する戦術である。

　これに対しドイツ海軍は「狼群戦術（Wolf Pack Tactics）」を採用した。暗号解読や長距離哨戒機の情報等によって、イギリス船団の位置を特定した潜水艦隊司令部からの指令により集まったＵボート群が、四方八方から夜間浮上攻撃をかけちょうど巨鯨に群がるシャチのようにこれを食いちぎるのである。その実態は例えば一九四〇年一〇月一八日夜、東航するＳＣ－７船団に群がった五隻のＵボートはその一七隻を、返す刀で翌一九日夜は東、西航のＨＸ－79船団の二一隻と三日二夜の間に計三七隻を撃沈するというすさまじいものであった。

　この狼群戦術も四二年春、イギリスの新兵器による新戦法により一時頓挫する。

島国にとっては生命線であった海上交通路

　Ｌバンドレーダー（波長一・五メートル）とレイライト（Leigh Light）と呼ばれるサーチライトを装備した対潜哨戒機の出現である。フランス西岸ブレスト、ロリアン等の潜水艦基地を出撃したUボートが大西洋に向けビスケー湾を夜間浮上航行中、レーダーで探知して近づいてきた哨戒機からいきなりレイライトの照射、次いで対潜爆弾の攻撃を受けて撃沈されるケースが急増してきた。この戦法に対しドイツ側は、半年後にはLバンドレーダー波早期探知の逆探「メトックス（Metox）」（波長一・三メートル）の開発、高性能の対空機銃の装備そして空軍の戦闘機による護衛等によりこの急場を切り抜け、また優位に立つ。この頃になるとUボートはアメリカ東岸沖、カリブ海まで遠征し、何ら対抗手段を持たないアメリカ船を片っ端から撃沈する。

事実一九四二年におけるUボートによる撃沈は一一六〇隻六二七万トンと、前年、前々年の三倍におよんだがそのうちアメリカ船は二八〇万トンに達した。

ここでアメリカがついに腰を上げた。一三五〇機におよぶ長距離哨戒機の投入、商船改造の護衛空母、護衛駆逐艦等対潜艦艇の大量建造、対潜戦術学校の新設と大量の要員教育等々である。

中でも画期的なものは、一九四二年海軍士官と科学者とによる「対潜研究委員会（ASWOG）」の設立であった。

このASWOGのオペレーションズ・リサーチの手法を用いての研究は、新しい対潜戦術、対潜部隊の編成、船団の隻数と護衛艦艇の隻数、対潜装備とその用法等の開発に大きな成果を得た。

それにイギリスの新たに開発したSバンドレーダー（波長一〇センチ）の威力が加わるが、

ドイツ海軍は一年間これに気づかなかった。このような一連の研究成果は、ようやく四三年春頃から表れ始めた。

それでは、ここでASWOGの研究、開発の成果である一連の対潜作戦を再現してみよう。大西洋で作戦中のUボートが、潜水艦隊司令部へ報告の電報を打った。わずか十数秒に圧縮された電報であったが、大西洋をとりまく二六カ所に設置されている「高周波方位測定所（HF／DF）：High Frequency Direction Finder」によって捕捉され、直ちにその位置が割り出される。

連合軍の対潜最高司令部である第一〇艦隊司令部から、近くにいる「ハンター・キラーグループ」に急行の指令が出る。ハンター・キラーグループは商船改造の護衛空母(Escort Carrier)一隻、護衛駆逐艦（Destroyer Escort）六隻そして搭載機二〇機から成る。そしてこの艦艇、航空機は例の「Sバンドレーダー」を装備している。

さて、レーダーで浮上Uボートを探知したハンター・キラーグループは、グラマンTBF雷撃機（魚雷を発射する装備をもつ）改造の捜索、攻撃機各一機のペア「ハンター・キラーチーム」を差し向ける。Sバンドの逆探を持たないUボートは、その航空攻撃に驚き急速潜航する。これからは、現場に駆けつけた水上艦艇とUボートの間の戦い、名優クルト・ユルゲンス、ロバート・ミッチャム主演の名画『眼下の敵』の世界である。

数隻の対潜艦艇に取り囲まれたUボートは、敵の水中探信儀（ソナー）からの探知を避けるためあらゆる運動を行ない、そして欺瞞《ぎまん》のデコイや気泡を放出、また隙《すき》を見て音響ホーミング

WWⅡにおける日本とイギリスの比較

（イギリス）		（日　本）
日本に同じ	国家の性格	島　国　　資源なし
大西洋航路 本土⟷アメリカ	交通路	南方航路 本土⟷南洋
痛　感 WWⅠの体験	重要性への認識度	無関心 ▼国民性　▼体験なし
ドイツ海軍 潜水艦（Uボート）	敵	アメリカ海軍 ▼潜水艦　▼航空機
大西洋の戦い（最重要視） ✸アメリカとの連携 ✸新兵器・戦術 ↓ ✸コンボイシステム ✸ハンター・キラー戦術 ✸Sバンドレーダー　等 （●Uボート制圧　●交通路確保）	対策	無為無策 ✸兵術思想 ↓ ✸護衛など外道 ✸あわてて海上護衛総隊 ↓ ✸時すでに遅し （海上交通路破綻）
継戦能力確保 戦　勝	結末	継戦能力喪失 敗　戦

魚雷で反撃する。対音響魚雷回避用標的「Foxer」を曳航《えいこう》した対潜艦艇は、ソナーでついにUボートを探知、艦首装備の新式前投兵器「ヘッジホッグ」二四発を斉射する。そのうち一発が命中、他の二三発も誘発、装薬である強力な「トルペックス爆薬」の威力によりさしものUボートも轟沈といった結末となるのであった。

この新対潜戦術のため四三年後半以降、連合国側の船舶の被害が激減してUボートの損失が急増する。

この退勢を挽回しようとしてドイツ側は、ようやくSバンド逆探「Naxos」(波長八～一二センチ)の開発、潜航したまま空気を取り入れる「シュノーケル装置」そして水中高速の「21型潜水艦」(一七〇〇トン、水中最大速力一八ノット)を開発したが時すでに遅しで、こうして死闘「大西洋の戦い」は連合国側の勝利となった。島国にとって生命線である海上交通路の重要性を肌身をもって体得していたイギリスと、それに協力したアメリカの執念のねばり勝ちであった。この六年弱にわたった「大西洋の戦い」での犠牲は、連合国側商船二四四九隻、一二九二万トン、軍艦一四八隻、一方ドイツ側は、Uボート一一七〇隻中喪失七九六隻という甚大なものであった。

ちなみに、この「大西洋の戦い」に興味のある向きにはN・モンサラット著/吉田健一訳『非情の海』、C・S・フォレスター著/吉田俊雄訳『ソナー感度あり』の一読をお勧めする。

第6章

「守勢」と「攻勢」はどちらが有利か

1 クラウゼヴィッツは守勢こそ有利な戦略と考えた

- 守勢は攻勢より優れた手段である。
- 守勢は、個々の部分においては敵を撃滅するため常に攻撃的諸動作を伴う。
- 守勢とは敵の攻勢に対抗し、その企図を阻止することをいい、その特色は敵の攻撃を待ち受けるところにある。
- 戦略守勢は、戦闘目的を積極的に達成するため、その有利な戦闘形式を利用し、攻勢に転ずる一手段である。
- 戦略守勢においては攻勢への転移は不可欠の部分であり、本来の抵抗はもっぱらこれのため戦力の優勢を期さんとして行なわれる。

軍艦マーチ（行進曲「軍艦」）の冒頭「守るも攻めるもくろがねの」にあるような攻勢（攻撃）と守勢（防御）は、戦争における二大形態である。この攻防のいずれを重視するかといえば、それはその国の国民性、戦争哲学、基本戦略／戦術そして周囲の情勢等々によって千差万別であろうが、要は健全な判断に基づくバランスの問題であろう。

もっとも「攻撃は最大の防御」との観念を信奉し、戦略、戦術、作戦、艦船、航空機の構造、装備に至るまで防御面を軽視／無視して太平洋戦争を戦い、ついには敗れ去った日本海軍のような特異な例もあるが……。

さて、クラウゼヴィッツはこの命題について守勢が有利との結論を下している。

守勢というと、一見、敵の大攻勢に抗しがたく要塞等に引きこもってただただ固く守り、ついには孤立無援のうちに落城という惨憺《さんたん》たる結末を想像することになる。

しかしながら、クラウゼヴィッツがここで論ずる守勢／防御は、いわゆる「防御攻勢」のことである。十分に物心共に整った戦力を持つ軍隊が、まず負けないように鉄壁の守りを固めた上で敵の攻撃を待ち、敵が戦い疲れ弱みをあらわし自分が勝てる状況になった場合に攻勢に転じ敵を撃破するやり方である。

ここでは、そのよい事例として独ソ戦の最後の挽回を狙ったヒトラーの大攻勢を十分な準備による防御で吸収、やがて大反撃に出てこれを挫折させた通称「クルスクの会戦」について述べてみよう。

史上最大の戦車戦「クルスクの会戦」は防御による勝利

一九四三年一月のスターリングラードの戦勝後、退却するドイツ軍を急追していたソ連軍は、同方面のドイツ軍最高指揮官である南方軍集団司令官E・フォン・**マンシュタイン**元帥の巧みな後退戦略による打撃とのび切った補給路により、奪回した要地ハリコフ等を再奪回されてドネツ河以東に押し返され、三月にはウクライナ地方東端で立ち往生してしまった。

自軍の戦力不足を熟知しているマンシュタインは、まずソ連軍に攻勢をとらせ、自己は計画的な退却で敵の主力を内懐に誘い入れて一挙に包囲撃滅したのち攻勢に転ずる作戦計画をヒトラーに提出した。

クラウゼヴィッツのいう防御攻勢の典型的なプランである。

しかしながら、スターリングラード攻防戦の完敗という屈辱に燃えるヒトラーは「冬に失ったものは夏に取り返さねばならぬ」とこれを拒否し、逆に大規模な攻勢作戦を計画したのであった。

彼は、ソ連軍主力がクルスクを中心に、南北一五〇キロ、東西二〇〇キロにわたって張り出した形になっているのに目をつけ、これを南北から挟撃、包囲撃滅し、一挙に退勢を挽回しようと考え実行したのが、俗に「世界最大の戦車戦」あるいは「クルスクの会戦」といわれる「ツィタデル（城砦）作戦」であった。

ソ連側に防御態勢の準備期間を与えたヒトラーの誤り

軍事的合理性に富む作戦ではあったが、ヒトラーは大きな誤りを犯した。作戦発動の大幅の遅れである。当初反対だったマンシュタイン元帥の「実行するのならば、ソ連軍の防御態勢の

マンシュタイン

ドイツ陸軍元帥。東プロシアの軍人貴族の家に生まれた。戦略、戦術眼に富み、卓越した部隊指揮能力、温和、冷徹、公正そしてヒトラーをも恐れぬ剛毅さを持った名将。ドイツが一気にフランスを下した「西方作戦」は彼の立案。

整わない早期がよい」との進言にもかかわらず、ヒトラーはその計画をより完璧なものにするとして三カ月もの時間を空費し、ソ連側に準備の時間を与えてしまった。

この時ソ連の採った戦略は、皮肉なことに最初マンシュタインがヒトラーに進言した防御攻勢とまったく同じものであった。

縦深性のある堅固な防御陣地にドイツ軍を引きずり込んで消耗させ、そして反撃して止《とど》めを刺すというものである。

防御部隊であるヴォロネジ、中央両方面軍のまず最前戦には、対戦車濠、各種防材、多数の対戦車地雷からなる阻止線を置く。

ついで、それぞれが対戦車砲などで有効な対戦車戦闘ができるような対戦車拠点で構成される防御線が二線、次が二万五〇〇〇門におよぶ各種火砲で構成される火力線。最高一キロメートルあたり二九〇門の配備である。

その後方には、機動打撃部隊である新編のステップ方面軍が総予備軍として控える。

また、強力な対戦車攻撃力を持つイリューシンIL－2地上攻撃機多数が直接支援するという、ハリネズミのような鉄壁の防御態勢である。そしてこれを指導するのは、特にスターリン首相が派遣したジューコフ元帥である。

ドイツ側は北からはカミソリといわれた切れ者フォン・クルーゲ元帥の中央軍集団、南からは名将フォン・マンシュタイン元帥の南方軍集団。直接ソ連軍を挟撃、包囲する機動打撃部隊は、それぞれ猛将モデール上級大将（のち元帥）の第九軍、歴戦の勇将ホト上級大将の第四機甲軍である。

双方とも兵力約一〇〇万、戦車三〇〇〇両のまさに世紀の大会戦であった。

堅固な防御陣地による防戦がソ連を勝利に導いた

七月五日、ドイツ軍は空軍の支援のもと南北から一斉に攻撃を開始したが、すでにこれを予知していたソ連軍は、ハリネズミのような堅固な防御陣地によって防戦する。

特に南側東端プロホロカフにおけるドイツ第二親衛機甲軍団とソ連第五親衛戦車軍の戦いは、今でも記録に残るほどの壮絶なものであった。

ドイツ側五号パンテル、六号ティーゲル、ソ連側**T－34中戦車**、JS《スターリン》－Ⅱ戦車などの新型戦車が双方合わせて一五〇〇両、これに対戦車攻撃機、歩兵、砲兵入り乱れての大激戦となったが、これが俗に「史上最大の戦車戦」と呼ばれる戦いになる。

戦況は、満を持してのドイツ軍の強力な攻撃も、ソ連軍の縦深性に富む陣地を何としても突破できず、北方では一二マイル、南方では三〇マイル侵入しただけで戦線は膠着《こうちゃく》してしまった。

そうするうち、米、英連合軍がシシリーなどに上陸した。

この報に驚いたヒトラーが一二日に作戦中止、最強のＳＳ（親衛隊）機甲軍団をシシリー救援に向け引き抜いた時をもって、ドイツ軍は東部戦線における退勢挽回の最後の戦機を失ったのである。

T－34中戦車
ソ連軍の主力戦車。重量28トン、高速、重装甲そして強力な76ミリ砲を装備、その頑丈かつ簡素な構造により大量生産され、ドイツ機甲部隊を圧倒した。アメリカのM４戦車と並んで第２次世界大戦における傑作戦車にあげられる。

クルスクの会戦
（史上最大の戦車戦）

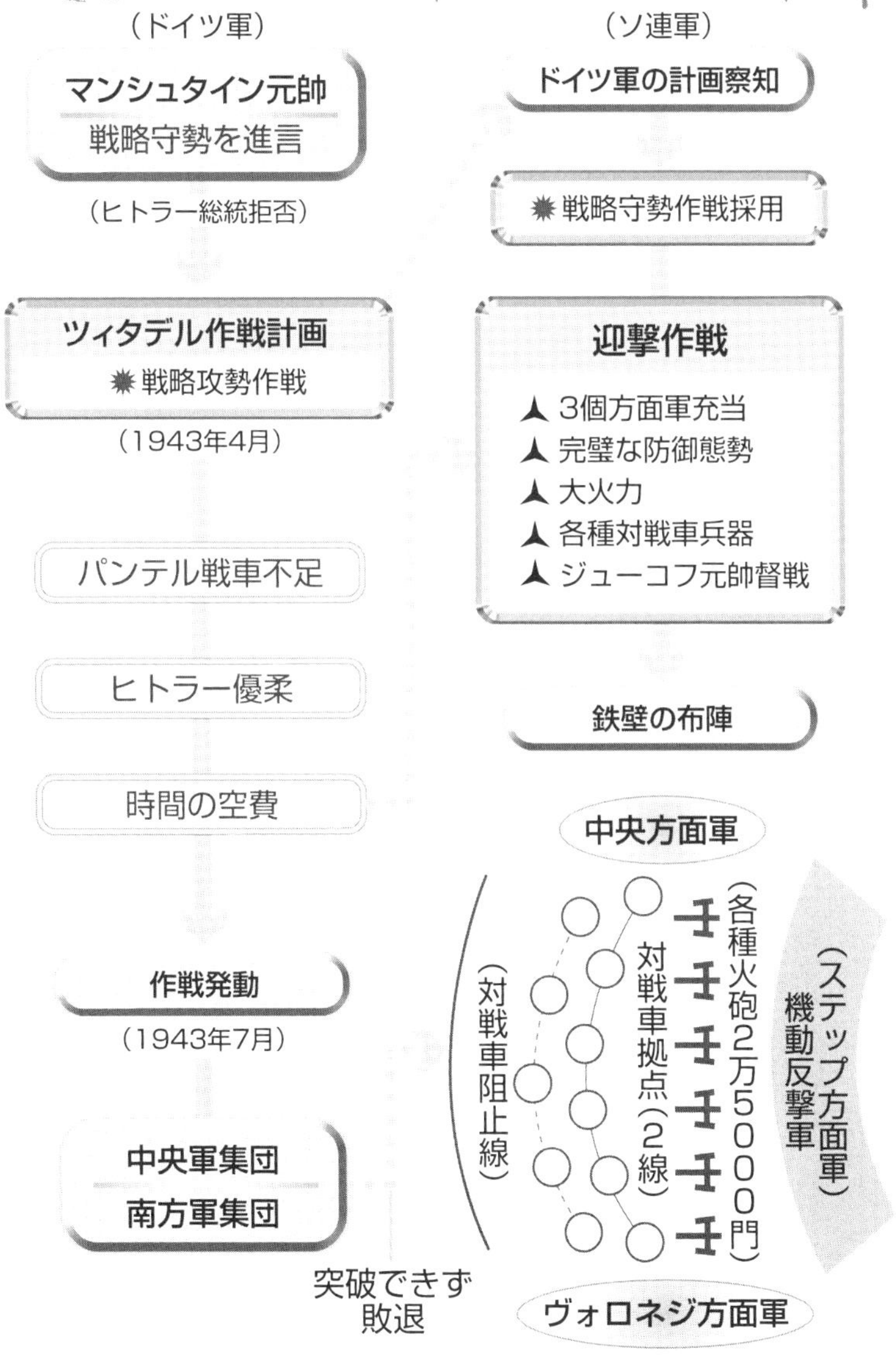
（ドイツ軍）
マンシュタイン元帥
戦略守勢を進言
（ヒトラー総統拒否）
ツィタデル作戦計画
✹戦略攻勢作戦
（1943年4月）
パンテル戦車不足
ヒトラー優柔
時間の空費
作戦発動
（1943年7月）
中央軍集団
南方軍集団
突破できず
敗退
（ソ連軍）
ドイツ軍の計画察知
✹戦略守勢作戦採用
迎撃作戦
3個方面軍充当
完璧な防御態勢
大火力
各種対戦車兵器
ジューコフ元帥督戦
鉄壁の布陣
中央方面軍
（対戦車阻止線）
対戦車拠点（2線）
（各種火砲2万5000門）
機動反撃軍
（ステップ方面軍）
ヴォロネジ方面軍

この大会戦に敗れたドイツ軍には、名将マンシュタイン元帥の統帥をもってしても、もはや戦況挽回の力はなかった。

以後東部戦線では、敗退するドイツ軍を追って、ソ連軍のベルリンを目指す怒濤《どとう》のような進撃が始まるのであった。

クラウゼヴィッツの教えのとおり、また名将マンシュタイン元帥の進言のとおり、もし防御攻勢戦略を採用していたならば、また「ツィタデル作戦」実行でもこれもマンシュタインの進言どおり遅疑逡巡《ちぎしゅんじゅん》することなく早期発動していたならば、この方面の戦況はまた変わったものになっていたのではあるまいか？

いずれにせよヒトラーのスターリングラードの攻防戦に続く恣意的な誤れる作戦指導の結末であった。

2 自発的退軍も敵を消耗させる有効な戦略である

●国内退軍とは国内への自発的退軍により、武力によらず敵を消耗させ、自滅させる間接抵抗法をいう。
●戦闘力を損ずることなく巧みに会戦を回避し、しかも敵に対しては不断の抵抗を継続しつつその戦力を消耗せしめることをいう。
●国内退軍実行の条件としては、広大な国土、長大な交通線が必要である。
●攻者の何よりもの弱点は、交通線の延長とこれに伴う給養の困難にある。

退却のように見せかけ、優勢な敵を自領深く誘い込み、時に果敢な反撃を、ある時には執拗《しつよう》なゲリラ攻撃で長く伸びた兵站線を脅かす等で翻弄《はんろう》して疲弊、消耗させ、やがては機を見て反撃に転ずる戦略／戦術は、「遅退戦術」として兵術界に定着している戦法である。

この戦略／戦術が守勢側にとって有利なのは、常にイニシアティブをもって作戦することができ、自軍の損害を最小限に局限できること。また、地の利、天象、気象、国民の協力を常に利用、活用できる等々である。

これに対し攻勢側は、気候、風土も慣れぬ未知の土地で、守勢側に作戦のイニシアティブを取られているため、常に準備と警戒を必要とするための心身の疲弊、長大な兵站線を要するため補給の欠落など戦力の大きな消耗をきたし、戦う前に負けの状況に陥ること等々不利な条件が重なる。

おそらくクラウゼヴィッツは、第二次ポエニ戦争においてローマ独裁官**C・ファビウス**が強敵カルタゴのハンニバルにとった遅退戦術に着目し、それを北方戦争におけるピョートル大帝の「ポルタヴァの戦い」、ナポレオン戦争における彼の「モスクワ遠征」の失敗を研究して、この国内退軍の有効性を提言したのではあるまいか？

戦争史上、この遅退戦略／戦術を効果的に活用した事例は、先に述べた三例のほか、日本にとって泥沼化した日中戦争における国民政府総統蒋介石の奥地重慶へ政府を移しての徹底抗戦、第二次世界大戦におけるソ連スターリン首相のドイツ軍に対する焦土作戦等結構たくさんある。

ここでは、大敵に攻め込まれた時、伝統的にその広大な国土を利用しての国内退軍／遅退戦略によって国難を切り抜け、最後の勝利を獲得してきたロシアの例を紹介しよう。

広大な国土を生かすロシアの伝統、国内退軍作戦

C・ファビウス

第２次ポエニ戦争におけるローマ独裁官。強力な軍隊を持つハンニバルとの正面対決を避け、徹底したゲリラ戦や兵站襲撃で彼を悩ませた。その戦術は遅退戦術（フェビアン戦術）として定着した。ロシアにおいて主に用いられ、ナポレオンもヒトラーもこの遅退戦略に敗れた。

一六九七年、スウェーデン国王カール一一世が没し、その子カール一二世が一五歳で王位を継いだ。このことは、ロシアの改革に着手し国力の増強に全力傾注していた**ピョートル一世**（大帝）には絶好のチャンスであった。狙いはバルト海沿岸の不凍港の獲得であった。一七〇〇年、ピョートルはスウェーデンに恨みを持つデンマーク、ポーランドと同盟してスウェーデンに宣戦した。

しかしながら一八歳の少年とはいえカール一二世は、剛毅果断そして卓越した戦術眼を持つ天性の英雄児であった。同年五月一撃のもとに首都コペンハーゲンを陥落させてデンマークを屈伏させたカールは一一月、八〇〇〇の兵を率いてフィンランド湾に上陸した。

そして南岸の要衝ナルヴァを占領中のピョートルの六万の大軍を折柄《おりから》の吹雪を突いて急襲し、死傷者二万、捕虜二万そして大砲の鹵獲《ろかく》一〇〇門の戦果を収めるパーフェクトゲームを演じた。

次いでカールは鉾を転じてポーランドに侵入、国王アウグスト二世（兼ザクセン選挙侯）を追放、さらにその本国ザクセンをも屈伏させるなど、まさに天馬空《てんまくう》を行く大活躍を見せていた。しかしながら、真の大敵であるピョートルを放置し、脇役ポーランドに精力を集中したことは何としてもカールの大失策だった。

ナルヴァの敗戦の後ピョートルは、鋭意軍制の改革を行なって他日を期していたが、一七〇三年突如としてフィンランド地方に侵入し、ネバ河河口に堅固な新都ペテルブルク（のちレニングラード、現サンクト・ペテルブルク）を建設し、その前面にクロンシュタット軍港を置くことにより、ついに念願のバルト海への出口を得たのであった。

ピョートル1世

青年時、西欧視察団の一員として西ヨーロッパを視察、見聞を広めるとともに自ら諸技術を習得。ロシア近代化に着手。北欧の最強国スウェーデンに挑戦、カール12世を「ポルタヴァの戦い」で破って一躍最強国となる。ピョートル大帝。

正面対決を避け、退却と焦土作戦によって抵抗する

一方、ロシアの同盟国をすべて屈伏させたカールは、一七〇八年その鋭鋒を究極の敵ピョートルに向けた。精強なスウェーデン軍との正面対決を避けたピョートルは、もっぱら退却と焼土作戦により抵抗した。

さて、モスクワへ退却したピョートルを追ってロシアの奥深く侵入し、スモレンスクの手前で軍を休ませていたカールにウクライナのコザック酋《しゅうちょう》長マゼッパから耳よりな話があった。それは、ウクライナのコザック全部を挙げて協力するので、ロシアの穀倉である同地方を征服してピョートルにその独立性を脅されているコザックを助けて欲しいとの申し入れだった。

愚かにもこの話に乗ったカールは、急にモスクワ進撃を変更し、本国から追送してくる兵站の到着を待つことなく、マゼッパの手引きでその軍をウクライナ目指して南下させるという誤ちを犯してしまった。

そして翌一七〇九年五月、ウクライナの要衝ポルタヴァで両雄は激突したが、ロシア国内での彷徨《ほうこう》中に砲と兵站のほとんどを失っていたスウェーデン軍の大敗に終わった。

この戦いの結果ロシアはバルト海東岸一帯を領有することができ、スウェーデンに代わって北欧の最強国となり、一躍西欧列強と肩を並べるに至ったのである。

国内退軍
（遅退戦略）

（戦　例）

第2次ポエニ戦争
ローマ　VS　カルタゴ
（ファビウス）　（ハンニバル）

北方戦争
（ポルタヴァの戦い）
ロシア　VS　スウェーデン
（ピョートル大帝）　（カール12世）

ナポレオン戦争
（モスクワ遠征）
ロシア　VS　フランス
（アレクサンドル1世）　（ナポレオン）

日中戦争
中　国　VS　日　本
（蔣介石）

第2次世界大戦
（独ソ戦）
ソ　連　VS　ナチス・ドイツ
（スターリン）　（ヒトラー）

国内退軍
遅退戦略《フェビアン》

（C・ファビウス発案
第2次ポエニ戦争）

優勢な敵に対し
- 自領奥深く誘引
- 果敢な反撃
- 執拗なゲリラ戦
- 兵站線の切断

敵、戦力消耗
- 疲労困憊
- 士気低下
- 兵站不足

機を見て反撃

最終的勝利

3 攻勢においても防御は不可欠である

- 戦略守勢が常に敵を撃滅するための攻撃動作を伴うように、戦略攻勢においても常に防御を伴う。
- すなわち、戦略攻勢は攻守両行動の不断の交代および結合である。
- 戦略攻勢に伴う防御は、一般防御に比べ破れやすく、攻者の抱く弱点である。

クラウゼヴィッツは、先に守勢と攻勢を比較した場合、守勢の方が有利と論じたが、攻勢の項においても、「攻勢においても防御は不可欠であり、またそれは破れやすい攻者の弱点である」との警告を行っている。

彼は何をいわんとしているかといえば、攻勢の場合その手段である攻撃に気をとられてついつい防御面がおろそかになり、予期せぬ敵の反撃等にあって思わぬ不覚を取るおそれのあることを戒めたものといえよう。

ここで思い浮かぶのは日本海軍である。

日本海軍は、伝統的に「攻撃は最大の防御」との考えを持っていた。クラウゼヴィッツの教えの全面否定である。

そのいわんとするところは、攻撃力を最大限に発揮して敵を先制撃滅すれば、それが即防御につながる。そうすれば何も殊更《ことさら》防御に神経を遣う必要もあるまいという考えなのである。

その典型的な例が、小澤中将の先制攻撃一点張りの「アウト・レンジ戦法」が、スプルーアンス大将のじっくり引きつけてこれを倒す「インターセプト戦法」に完敗した「マリアナ沖の海戦」ということになろう。

ここでは、この関係を日米の空母機動部隊に例をとって検証してみよう。

日本海軍の兵術思想「攻撃は最大の防御」は正しいか？

さて、それでは太平洋戦争における日・米の空母機動部隊を比較し、日本海軍の兵術思想「攻撃は最大の防御」について検証してみよう。

元来、航空母艦は、その強大な攻撃力に比べて、相手の攻撃に対しては極めて弱い面を持っている。

大きな図体《ずうたい》に加えて航空機、その搭載するガソリン、爆弾、魚雷等可燃物、爆発物を山のように積んだ「かちかち山」のタヌキのようなものであった。

この空母の脆弱《ぜいじゃく》性に対し、日米海軍が解決のため取ったアプローチはまったく異なっていた。日本海軍はその伝統的兵術思想である「攻撃は最大の防御」という考えに固執し、敵を先制撃破し、その結果として自己の安全を確保するという戦術を墨守した。一方アメリカ海軍は、攻撃力を増大させることに併行し、防御面にも大きく意を用いたのである。

　ここでは、マリアナ沖の海戦を念頭に、アメリカ空母機動部隊の防御すなわち艦隊防空を検証してみよう。

　一口にいって、それは戦闘機をはじめとする対空兵器の性能向上とそれらの縦深配備、そしてそれらを高性能のレーダーと無線電話でコントロールする徹底したシステム化にあった。日本海軍の空母機動部隊の防空態勢は、何隻かの空母の周囲を二〜三隻の高速戦艦あるいは重巡洋艦そして数隻の駆逐艦が警戒艦（護衛艦あるいは直衛艦ではない）として取り巻く。しかしながら電波探信儀（レーダー、電探）の性能が劣悪なため早期探知ができず、敵発見は上空の直衛機、警戒艦そして空母自身の肉眼での見張りに頼らざるを得なかった。また敵を発見しても、有効な無線電話を持たないため、情報交換がまったくできず、各個バラバラの対空戦闘しかできない。そしてその対空戦闘も、直衛機である零戦の制空力は別として、警戒艦にほとんど対空能力がないのでどうしようもないというのが実情であった。日本海軍において、まがりなりにも有効な対空射撃ができるのは、九四《きゅうよん》式高射装置でコントロールされる長砲身一〇センチ高角砲八門を装備した少数の「秋月型」防空駆逐艦くらいのもので、その他の駆逐艦の主砲である一二・七センチ砲は、水上射撃専用で対空射撃はまったくできなかったという嘘のような事実である。

さて、ここで特筆すべきは、完全にシステム化され、ドクトリン化したアメリカ海軍の艦隊防空である。

システム化されていたアメリカ海軍の艦隊防空

このアメリカ海軍の艦隊防空を最大限に発揮した「マリアナ沖の海戦」を再現してみよう。一九四四年六月一九日朝、第一機動艦隊司令長官小澤治三郎中将は、四波にわたる攻撃隊三二六機を発進させた。米艦載機の到達圏外から先制攻撃をかけ、一挙に敵を撃滅する秘策中の秘策「アウト・レンジ戦法」である。

これに対する第五八任務部隊の艦隊防空システムは、次のようなものであった。

まず、部隊前方五〇～六〇カイリに、優秀な対空レーダーを持つ駆逐艦数隻をレーダーピケット／早期警戒艦として配備し、その上空に哨戒の戦闘機を置き、敵機の早期探知にあてるとともに第一の阻止線とした。

機動部隊は、各任務群ごと四隻の空母をまず四隻の戦艦または重巡洋艦が囲み、さらにその外周を一六隻の駆逐艦が取り巻く完璧の防空陣形である輪型陣《りんけいじん》であった。

また完備した防空ドクトリンにより、部隊全体の防空戦は任務部隊指揮官（CTF）乗艦の空母が、各任務群はそれぞれ任務群指揮官（CTG）乗艦の空母が防空艦となり、対空レーダーと優秀なVHF／UHF無線電話で指揮した。

さて、第五八任務部隊攻撃に向かった日本側の攻撃隊は、まずレーダーピケット艦によって早期探知され、防空艦の作戦室（ＣＩＣ）（Combat Information Center）からコントロールされる高速、重武装、重装甲の零戦キラー、グラマンＦ６Ｆ「ヘルキャット」四五〇機の邀撃を受けた。

幸運にもそれをくぐり抜けた日本機に対し、輪型陣を構成する艦艇のレーダー自動照準のＭＫ37射撃指揮装置（マーク37ＧＦＣＳ）によってコントロールされる五インチ三八口径両用砲とその砲弾に装着された近接自動信管（**ＶＴ信管**）、簡易型ながら有効な計算機を備えた多数の四〇ミリ・二〇ミリ機銃による猛烈な対空防御砲火が待ち構えていた。

この完璧な防空陣の前に、この日、日本側が失った航空機実に約三〇〇機、相手に与えた損害はほとんど皆無、兵術用語でいうならば交換比ゼロの空《むな》しい戦いであった。

この「マリアナ沖の大七面鳥撃ち」と酷評された大惨敗の原因は何であろうか？

それは、日本側の主将小澤中将が、アメリカ海軍の艦隊防空の飛躍的向上をまったく知らず、先に述べた日本海軍の原始的かつ貧弱な防空手段と同じレベルと誤認し、とにかく先制攻撃すれば勝てると信じ込んだところに最大の敗因があったといえよう。

クラウゼヴィッツの「戦略攻勢に伴う防御は、一般防御に比べて破れやすく、攻者の抱く弱点である」との落とし穴にはまった結末であった。

VT信管

Variable Time Fuze。近接自動信管。自ら電波を発信し、その反射波に感応して爆発。アメリカ海軍の主要対空砲である5インチ38口径両用砲の砲弾に装着され、日本海軍機に対し猛威を振るった。

攻撃は最大の防御か？

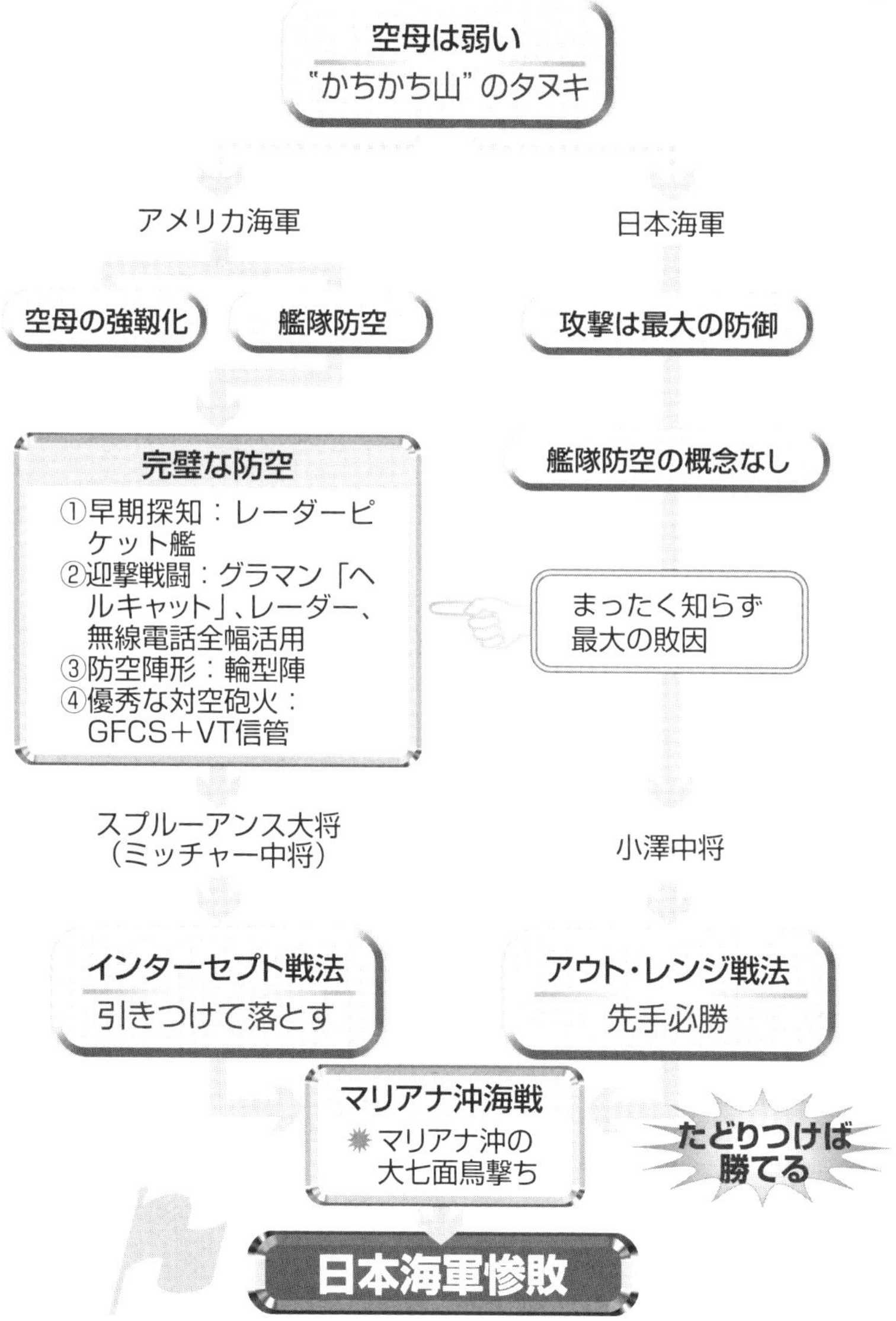

空母は弱い
"かちかち山" のタヌキ
アメリカ海軍
日本海軍
空母の強靱化
艦隊防空
攻撃は最大の防御
完璧な防空
①早期探知：レーダーピケット艦
②迎撃戦闘：グラマン「ヘルキャット」、レーダー、無線電話全幅活用
③防空陣形：輪型陣
④優秀な対空砲火：GFCS＋VT信管
艦隊防空の概念なし
まったく知らず
最大の敗因
スプルーアンス大将
（ミッチャー中将）
小澤中将
インターセプト戦法
引きつけて落とす
アウト・レンジ戦法
先手必勝
マリアナ沖海戦
マリアナ沖の大七面鳥撃ち
たどりつけば勝てる
日本海軍惨敗

終章

なぜ「戦争計画」は重要なのか

1 戦争計画においては、政・戦略の一致が重要である

・戦争開始に当たっては、その意義および目的を考察し、戦争計画を策定し、戦争遂行の方針、必要なる手段の範囲ならびに力の分量を規定しなくてはならない。
・戦争計画とは、一切の戦争行為を総括して単一なる一行動となし、かつ戦争終局の目的を確定するものである。
・戦争計画を策定するに当たって、まず戦争の性質を把握することが必要である。
・戦争における政治的影響は極めて大である。
・戦争は政治の一手段である。したがって戦争計画において政・戦略の有機的結合による一致が何よりも重要である。

この章は、戦争論として述べてきた各事項の集大成、総仕上げということになる。戦争計画の策定に当たっては、その戦争の意義そして性質を考察する。

そしてその最終の戦争目的を定め、それに至る主目標、副次目標を積極敢為の精神に裏打ちされた有形無形の優勢なる手段で達成し、最終的な目的を達成する。

そして何よりも大切なのは、「戦争は政治の継続である」との大原則に基づき政治と軍事、いいかえれば政府と最高将帥の意志の統一すなわち、政・戦略の融合一致が如何に大切かを述べている。そこでこの章では、この戦争計画を構成する諸要素がすべて網羅されている、古今無双の英雄ハンニバルVSローマの第二次ポエニ戦争についてケーススタディしてみよう。

グローバルな視野に立ったハンニバルの戦争計画

B.C.二二一年、カルタゴのイベリア総督である義兄ハスドルバルが、ローマの手先に暗殺されると、いよいよ舞台に登場してきたのが二五歳の青年将帥ハンニバルであった。

幼少の頃からローマへの復讐心を持ち、今また尊敬する義兄ハスドルバルを暗殺されローマに対する憎悪と復讐の念に燃え立つ彼は、併せて冷徹に今後のカルタゴVSローマの関係を考えていた。

洞察力に富む彼は、ジシリー、サルジニア、コルシカ島を略取して一応西方の安全を確保したローマが、鉾を転じて北方のガリアキサルピナ、東方ではイリリア等ギリシア半島に手を伸ばしてゆくのを見、将来必ずカルタゴへ再度襲いかかってくるであろうこと、すなわち両雄は並び立たないことを確信し、ついにローマ討滅を思い立ったのである。

さて、ローマの討滅を最終目的とするハンニバルの戦略構想／戦争計画は、当時知られていた全世界をカバーしたグローバルなものであった。

すなわち、

▼ギリシアの支配権をめぐってローマと抗争中のマケドニア王国と同盟し、これを挟撃する。

▼ローマに征服され、その圧制に苦しむガリア諸族を味方にする。

▼イタリア半島でローマに征服され、その支配下におかれているエトルリア、ギリシア系の都市を離反させて同盟し、イタリアにおける拠点とする。

▼元来カルタゴの同盟国であったシシリー島のシラクサ王国を、ローマから離反させ再び同盟を結ぶ。

等の策を用いてローマを内外から封じ込めたのち、彼の精強な軍隊をもってローマに当たろうとするものであった。

当地イベリア半島には、彼が全力を傾注して鍛え上げた歩兵一二万、騎兵一万六〇〇〇、戦象六〇の強力な軍隊があった。

彼はこのうち一部をカルタゴ本国とイベリア半島の防衛に当てた。

そしてハンニバル自身は歩兵九万、騎兵一万二〇〇〇、戦象三七頭を率いて長駆ローマを衝くというものであった。

この時ハンニバルは、ローマ侵攻への経路として「アルプス踏破」という常人の思考を超えた奇策をとった。

イベリア半島からイタリア半島に行くには、次の方法があった。

▼海路地中海を東航
▼リグリア海沿岸の陸路を東進
▼ピレネー、アルプス越え
ハンニバルは、この中最も困難なアルプス越えを選んだが、それは次の理由によるものと考えられる。
▼第一次ポエニ戦争終了後、地中海の制海権は一貫してローマ海軍の手にある。
▼リグリア海沿岸の陸路をとれば、途中ローマ軍に邀撃《ようげき》、阻止される。
▼アルプス越えを採用すれば、ローマに対する戦略奇襲となる。
▼また、アルプス以南でローマの圧政に苦しむガリア諸族を味方にすることができる。
B.C.二一八年七月、想像を絶する困難を克服してアルプスを踏破したハンニバルは、歩兵二万、騎兵六〇〇〇、戦象数頭に減少した軍隊とともに、ついにロンバルディア平野に降り立ったのである。

ハンニバル敗北までの一六年間

この戦略奇襲に仰天したローマは、ハンニバル阻止のためイベリア半島およびカルタゴ本国に派遣した全軍をあわてて呼び戻し、ハンニバルに当たるのであった。

こうして始まった第二次ポエニ戦争は、無人の野を行くがごとく連戦連勝するハンニバルと、何とかしてこれを防ごうとするローマとの戦いが続く。やがて後半戦において、復活した名将ファビウスの遅退戦略/国内退軍戦略と新進気鋭の将帥大スキピオのイベリア半島攻略とカルタゴ本国遠征という**間接戦略**により、ハンニバルの戦力消耗、本国帰還そしてB.C.二〇二年一〇月「ザマの会戦」の完敗により、この一六年間にわたってイタリアの天地を血にそめた戦争は、カルタゴいやハンニバルの敗北で幕を閉じたのであった。

さて、第二次ポエニ戦争においてローマは、その全力をあげながら一個人ハンニバルを下すのに何故一六年間もの歳月を要したのだろうか?

ローマ軍とハンニバル、それぞれの特徴を考察する

このことを検証するに当たって一見背反するようだが、実は同一である二つの疑問が生じる。

その一は、ローマはイタリア半島の総力をあげながら、わずか数万にも満たぬ軍隊しか持たぬハンニバルを屈伏させるのにあのような長い年月と甚大な犠牲を必要としたのは何故か?

その二は、ハンニバルは「カンネーの決戦」に代表されるよう幾度となくローマ軍を完膚なきまで撃破し、そして無人の野を行くがごとき無敵の活動をしながら、究極の勝利を得られなかったのは何故か?

その第一は、お互いに相手を完全に理解し得ない面があったことである。

ローマ人は、カルタゴ人すなわちフェニキア人については十分な理解を持っていた。

すなわち天性の商業民族であり卓越した商才は持つが、政治的には目先の利害しか念頭になく、克己《こっき》心に欠け恫喝に屈しやすい。

間接戦略

イギリスの戦史家、兵術家のB・H・リデル・ハートが提唱。労多くして功少ない正面攻撃を避け、敵の中枢あるいは兵站補給路を破壊することによって、戦わずして相手を下す戦略・戦術。彼はスキピオのイベリア半島攻略、カルタゴ本国侵攻にヒントを得た。

とりわけ軍事にうとく軍隊は傭兵主体、指揮官は臨時任命の素人《しろうと》である、というものであった。

したがって、ハンニバルという稀有の軍、政の能力、強固な意志と実行力を持つスーパーマンの全貌を到底理解できなくても仕方がないことであった。

一方ハンニバルも、自己の海洋民族独特の共存共栄、開放的なフェニキア的思考から、ローマ人の堅忍不抜の意志力、不屈の愛国心、斃《たお》れて後已《や》むの敢闘精神については理解の埒外《らちがい》であった。

また、イタリアの各都市の大半がローマを中心に精神的にも政治的にも強い絆《きずな》で結ばれ、しかもその都市は堅固に要塞化され、また完備した道路により連結され、どれを潰してもアメーバのように再生するしぶとさがあることを知り得なかった。

次は軍事力である。ローマは、アレキサンダー大王のマケドニア方陣（ファランクス）とともに古代軍事史上の双璧といわれるローマ軍団（レギオン）という軍制、戦法を持っていた。しかしながら、ローマ軍の敵は、勇猛ではあるが組織的戦闘力を持たない蛮族であり、その強大な戦闘力をもっての正攻法で勝利を得てきたことから、戦略、戦術を始めとする兵術面が未開発であった。

また、軍隊を二分し、それぞれの指揮官に政治家である執政官（コンスル）を当てるため、用兵、部隊運用面において大きな脆弱性を有していた。

一方ハンニバルの軍隊は、少数の高級将校以外はリビア、ヌミジア、イベリア、ガリアの傭

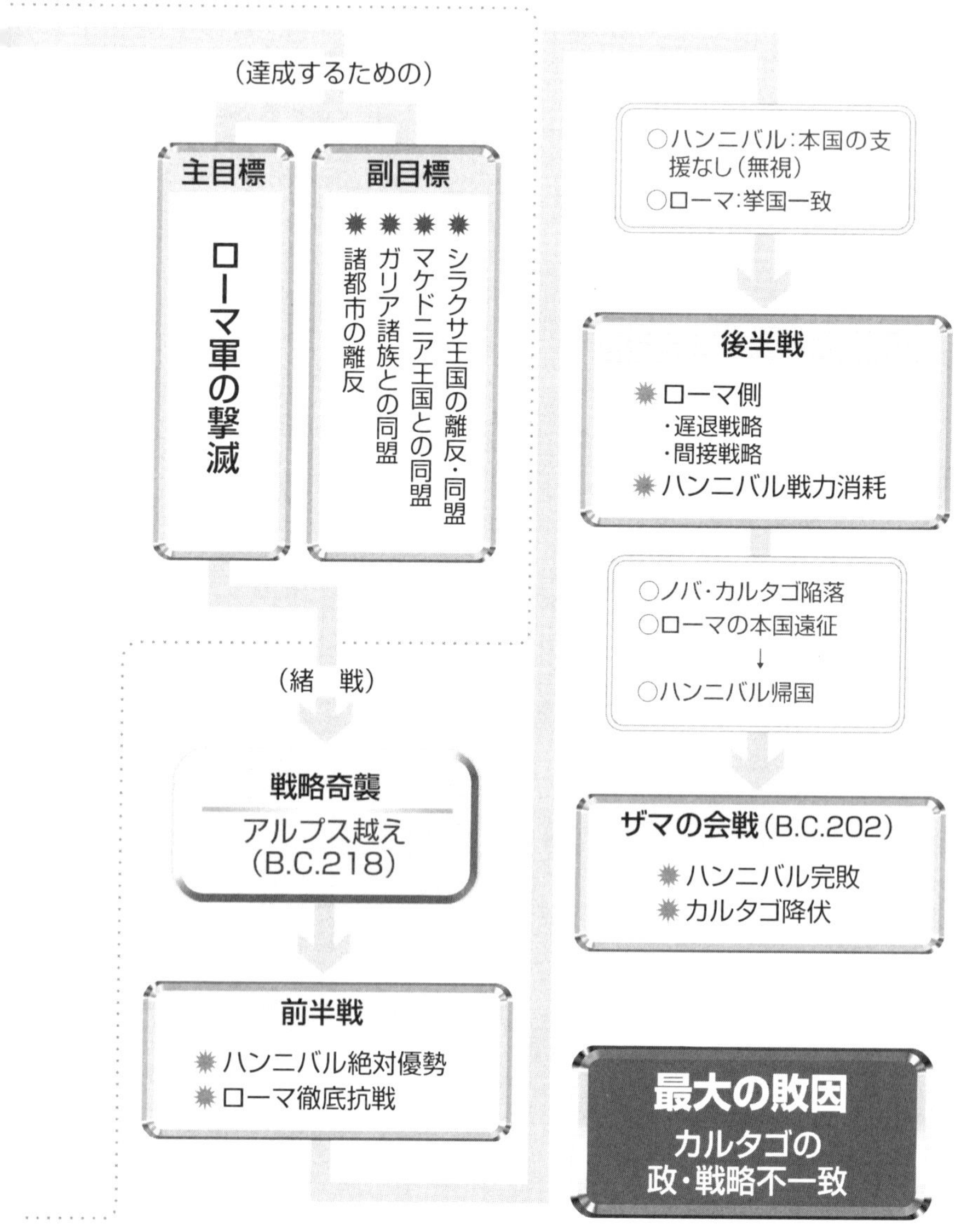

（達成するための）
主目標
ローマ軍の撃滅
副目標
シラクサ王国の離反・同盟
マケドニア王国との同盟
ガリア諸族との同盟
諸都市の離反
（緒　戦）
戦略奇襲
アルプス越え
（B.C.218）
前半戦
ハンニバル絶対優勢
ローマ徹底抗戦
○ハンニバル：本国の支援なし（無視）
○ローマ：挙国一致
後半戦
ローマ側
・遅退戦略
・間接戦略
ハンニバル戦力消耗
○ノバ・カルタゴ陥落
○ローマの本国遠征
↓
○ハンニバル帰国
ザマの会戦（B.C.202）
ハンニバル完敗
カルタゴ降伏
最大の敗因
カルタゴの
政・戦略不一致

ハンニバルの戦争計画とその結末

（戦争計画）

戦争開始の動機

①カルタゴの保全　②ローマへの復讐

情　勢

○全般
・カルタゴとローマは共存不可
・ローマの海外進出
○ローマをめぐる情勢
・軍隊は強大なるも兵術眼に乏しい
・ローマ支配下の諸都市の屈折感（ギリシア、エトルリア系）
・ローマに征服されたガリア諸族の圧政感
・マケドニア王国との抗争
○自国
・主将ハンニバルの卓越した統帥能力
・強力な軍隊、特に騎兵部隊
・完備した根拠地：イスパニア

情勢判断

✹戦機は熟した
✹今なら勝てる

戦争目的

ローマの屈伏

兵であったが、ハンニバル一流の教育訓練により精強な歩兵、騎兵に仕立て上げられていた。そして何よりも、主将ハンニバルの卓越した統帥能力があった。

将帥として高い資質をもっていたハンニバル

彼は、同じく名将の誉れ高い父親ハミルカル・バルカの薫陶に加え、幼少からキロス、エパミノンダス、アレキサンダー大王等英雄・名将の伝記、戦争史を研究し、政治、軍事、外交等に関する高度な能力を身につけていた。

中でも軍事面では、欺瞞、陽動、奇襲、謀略、情報活動そして戦闘にあたっては、騎兵の機動打撃力の全幅活用等、卓越した統帥能力を身につけていた。

すなわち、軍隊固有の戦闘力は仮に互角としても、これを用兵する統帥能力において天と地ほどの差があったのである。

これが一六年間の長期にわたり何回戦ってもローマがハンニバルに勝てなかった主因である。クラウゼヴィッツが力説する将帥の資質の重要性がここにあるのである。

このように統帥能力において格段に劣り、連戦連敗のローマが一六年間屈伏せずに戦い抜いたのは、堅忍不抜、不屈の愛国心、敢闘精神に加え、政戦一致の戦争指導にあった。

元老院、市民の敢闘精神に支えられ、政治の最大責任者である**独裁官**（ディクタトル）あるいは執政官（コンスル）は常に軍隊の最高指揮官として陣頭に立ち、一般市民も兵役が最高の権利であり、義務であるとし、こぞって軍役に服したのであった。

独裁官

ローマ共和国では、通常2人の執政官が国政にあたるが、戦争など非常時においてはそのいずれかを独裁官に選び、非常大権を与えて国難を乗り切った。独裁者に変わるのを防ぐため、その任期を半年に限ったところにローマ人の英知があった。

一方カルタゴ側は、今まで幾度も述べたとおり傭兵主体、必要時臨時に任命された将軍がこれを指揮統率するが、戦争遂行にはほとんど権限を持たず、元老院の場当たり的、恣意的な判断に左右されるのが常であった。

この第二次ポエニ戦争では、イタリア半島におけるハンニバルの天馬空を行く大活躍を忌避、白眼視し、増援を送らないばかりか勝手に和平工作まで行っていたのである。

如何にハンニバルが独断専行で始めた戦争とはいえ、もはや本国をも巻き込んでおり、それにカルタゴがかつての「地中海の女王」の覇権を回復する千載一遇の好機が到来したのである。しかるに彼等は、独りイタリアの天地で孤軍奮闘するハンニバルを捨て殺し、ついには勝機を逸してしまった。

クラウゼヴィッツは「戦争は政治の継続である」と理論づけ、戦争に当たっては政府と軍事の有機的な結合による双方の利害の一致融合のため、内閣へ最高将師を参加させねばならぬと、政戦一致の重要性を説いている。

しかるにこの第二次ポエニ戦争においては政戦不一致を通り越してその乖離《かいり》が、九分九厘《くぶくりん》までイタリア征服をなしとげていたハンニバルの雄図を空《むな》しゅうしてしまったとの結論をもって本著の終わりとしたい。

【参考文献】

『戦争論(上・下)』 K・フォン・クラウゼヴィッツ/清水多吉訳 現代思潮社
『戦争論(上・中・下)』 K・フォン・クラウゼヴィッツ/篠田秀雄訳 岩波書店
『戦争論要綱』 陸軍中佐成田頼武 陸上自衛隊幹部学校
『戦争を考える』 R・アロン/佐藤毅夫・中村五雄共訳 政治広報センター
『「戦争論」解説』 大橋武夫 日本工業新聞社
『「戦争論」入門』 井門満明 原書房
『戦争論――クラウゼヴィッツへの手引』 S・L・マレー 鐵塔書院
『クラウゼヴィッツ「戦争論」の読み方』(陸戦研究連載) 前原透 陸戦学会
『孫子』 金谷治訳 岩波書店
『戦争歴史辞典』 占部弘 黎明社
『日本と世界の歴史(1)~(14)』 亀井高孝編 学習研究社
『西洋全史(古代篇~近世篇)』 瀬川秀雄 富山房
『世界戦争史(1)~(10)』 伊藤政之助 原書房
『ローマの歴史』 I・モンタネッリ/藤沢道郎訳 中央公論社
『カルタゴ』 A・ロイド/木本彰子訳 河出書房新社
『ハプスブルグ家』 下津清太郎 近藤出版社
『兵法ナポレオン』 大橋武夫 マネジメント社
『ナポレオン伝』 E・ルドウィッヒ/金沢誠訳 角川書店
『標準世界史年表』 亀井高孝他編 吉川弘文館
『第二次世界大戦(上・下)』 W・チャーチル/佐藤亮訳 河出書房新社
『第三帝国の興亡(1)~(4)』 W・シャイラー/井上勇訳 東京創元社
『アドルフ・ヒトラー』 L・シュナイダー/永井淳訳 角川書店

『戦略論(上・下)』 B・H・リデル・ハート／森沢亀鶴訳　原書房
『スターリン』 大森実　講談社
『ヤルタ――戦後史の起点』 藤村信　岩波書店
『バルバロッサ作戦』 P・カレル／松谷健二訳　フジ出版社
『焦土作戦』 P・カレル／松谷健二訳　フジ出版社
『実録第二次世界大戦』 秦郁彦　桃源社
『ニミッツの太平洋海戦史』 C・W・ニミッツ、E・B・ポッター／実松譲、富永謙吾訳
　恒文社
『提督スプルーアンス』 T・B・ブュエル／小城正訳　読売新聞社
『キル・ジャプス』 E・B・ポッター／秋山信雄訳　光人社
『戦藻録』 宇垣纏　原書房
『大東亜戦争の敗因と日本の将来』 常岡滝雄　山紫水明社
『情報なき戦争指導』 杉田一次　原書房
『太平洋戦争の敗因を衝く』 田中隆吉　原書房
『連合艦隊の最後』 伊藤正徳　文藝春秋社
『暗号』 長田順行　ダイヤモンド社
『海は甦る(1)・(2)』 江藤淳　文藝春秋社
『四人の連合艦隊司令長官』 吉田俊雄　文藝春秋社
『提督新見政一』 提督新見政一刊行会編　原書房
『日米両海軍の提督に学ぶ』 中村悌次　兵術同好会
『戦艦大和ノ最期』 吉田満　講談社
『日本の戦史(1)・(2)・(3)・(6)』 参謀本部編　徳間書店
『古戦場』 佐藤春夫監修　人物往来社
『非情の海』 N・モンサラット／吉田健一訳　フジ書房

〔著者紹介〕
是本信義（これもと　のぶよし）
1936年福岡県生れ。1959年防衛大学校卒業、海上自衛隊に入隊。
以後、主として艦隊勤務を続け、この間、護衛艦艦長、護衛隊司令、艦隊司令部作戦幕僚、総監部防衛部長などを歴任。1991年海上自衛隊退職。セキュリティ関連企業勤務を経て現在執筆に専念中。
戦争史、国際政治、マネジメント、海事（シーマンシップ）、武道・格闘技関係の著作、論文多数。著書に『ローマ帝国の末裔たち』（行研）、『戦史の名言』（東洋経済新報社）、『戦史の名言（文庫版）』（PHP研究所）、『図解「孫子の兵法」を身につける本』（中経出版）、『日本海軍はなぜ敗れたか』（光人社）

住所：〒871-0832　福岡県築上郡吉富町鈴熊98-1

図解　クラウゼヴィッツ「戦争論」は面白い！ （検印省略）

2000年 8 月16日　第 1 刷発行
2001年10月19日　第 7 刷発行

著　者　是本　信義（これもと　のぶよし）
発行者　杉本　惇

発行所　㈱中経出版　〒102-0083
東京都千代田区麹町3の2 相互麹町第一ビル
電話　03(3264)2771（営業代表）
03(3262)2124（編集代表）
FAX 03(3262)6855　振替 00110-7-86836
ホームページ　http://www.chukei.co.jp/

乱丁本・落丁本はお取替え致します。
DTP／エム・エー・ディー　印刷／新日本印刷　製本／三森製本所

ISBN4-8061-1376-X　C2034